数学は図で考えるとおもしろい

白取春彦

青春新書
PLAYBOOKS

まえがき　～数学をもっと楽しむための本～

本書は、数学の本のようでいて、数学の本として読まないでほしいと思っています。「遊びの本」として読んでほしいのです。遊びながら、脳を柔らかくして、いろんな考え方ができるアタマにしてしまう不思議な力を持つ本です。

「数学なんて難しいし、生活でなんの役にも立たない、いらないもの」

多くの人はそう思っているのではないでしょうか。確かにそうです。この言葉にある数学なんて役に立ちません。

役に立たない数学とは、学校で〝勉強〟として学習するたいくつな数学です。あれは本当にテストにしか役立たない、「死んだ数学」です。しかし、本書であつかう数学は「生きた数学」です。今からすぐ生活に役立つような数学なのです。

だから、本書は、数学オンチの人が読んで「おもしろい」と思える本です。学校の成績が悪くても関係ありません。今こそ、本書で紹介する簡単な数学を使っていろんなことを知ることができるのです。

例えば、学校で数学の成績がいくらよかった人でも、街中にある向こうのビルまでだいたい何mくらいか、簡単には計算できません。彼らは、計量機器のような道具がなければそんなことはわからないと思っているのでしょう。

しかし、本書を読んだ人は、「あのビルまでは、およそ何mだよ」とすぐにいえるのです。道具を使わずに、自分の親指だけで。それはマジックのような驚きではないでしょうか。

また、ふつう12㎝の長さのものをきっちり7分割することは不可能だと考えられています。なぜなら、電卓で計算して12÷7をすると1・7142857……というめんどうな答えが出てしまうからです。

しかし、本書を読むと、あら不思議！　きっちり7分割することができるのです。しかも電卓や定規は使いません。

そんな方法が本書には満載してあります。生活する上で必要ないろんなことが実際に簡単にわかってしまいます。つまり、実生活や遊びで「使える数学」の本なのです。

だから、本書は、学歴や年齢など関係なしに楽しめるはずです。さらに、子どもにも大人にも便利です。街中でも、アウトドアでも役に立つ、まさに筆者の私が子どもの時に読みたかった本です。

私は、実はかなりの数学オンチでした。そして、今でも基本的に数学オンチではありますが、学校で数学の成績がよかった人間よりはずっと、数学を暮らしの中で便利に役立たせては、みんなをおもしろがらせることができるのです。

数学は図で考えるとおもしろい＊目次

1章　数学は図で考えると「新しい常識に切り替わる」―― 29

2章 数学は図で考えると「損をしないで、得をする」―――55

3章 数学で考えると「計算をパッと答えられる」――87

4章 数学を図で考えると「身近なサイズを一瞬でつかめる」——115

目　次

5章 数学を図で考えると「世の中の謎が解ける」――165

カバー・本文イラスト■ツトム・イサジ
デザイン・DTP・図版■フジマックオフィス
図版■AD・CHIAKI

序章　「お勉強数学」から「おもしろ数学」へ

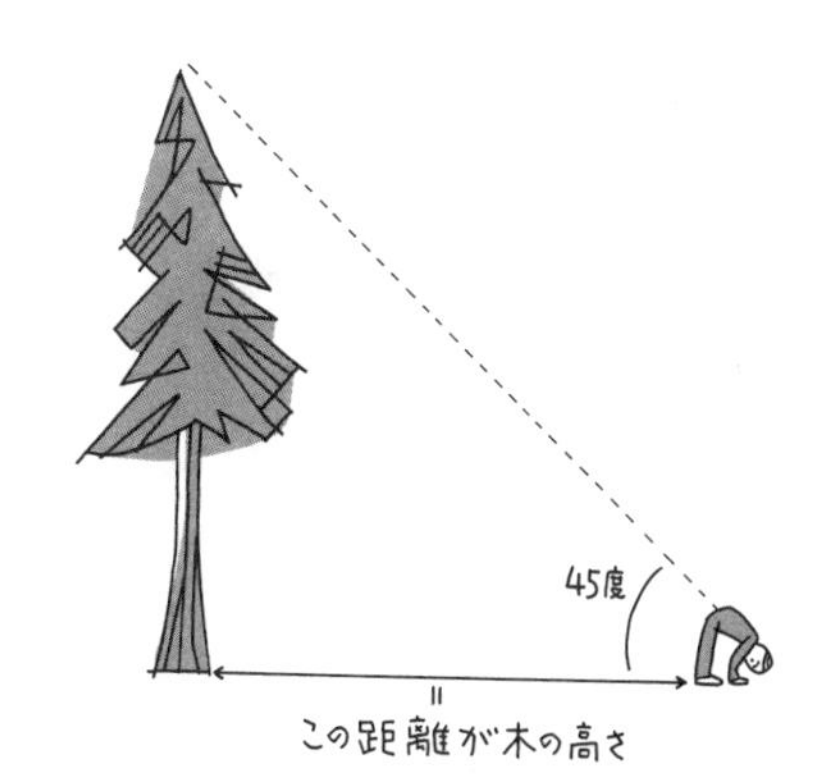

「思い込みや誤解」が、数学でクリアに

数学なんて大嫌いという人は少なくありません。私もそうでした。学校に行っていた頃は、どうして数学が嫌いなのかよくわかっていませんでしたけれど、今はよくわかります。教師の教える数学がテスト以外の何に役立つのか知らなかったからです。また、具体的ではない抽象的な数学が嫌いだったのです。

だから、学校の授業では「**この計算はこういう実際の場合の問題解決に役立つよ**」ということを教えるべきでしょう。そうすれば、少なくとも私みたいな生徒の半数以上は数学を毛嫌いしなくなるでしょう。

では、学校で数学がわからないまま卒業した人にとって、今さら数学を知ったところでもう遅いのでしょうか。そんなことはありません。学校のテストのための数学なんかどうでもいいのです。今の生活の中で、数学を使ってさらに便利な暮らしをすることが大事な

のです。

損をせずに得をしたいなら、数学は強力な判断道具になります。

例えば、5人の子どもたちのために買うメロンの場合を考えてみましょう。

大きめのメロンを1個買うのと、小さめのメロンを2個買うのと、どっちが量的に多いのか、数学によってはっきり判断できます。

店頭で見るかぎり、どうしても小さめのメロン2個のほうが大きめのメロン1個の量よりも多く見えるものです。しかし、これは目の錯覚なのです。

本当は、大きめのメロン1個のほうが小さい2個分よりも圧倒的に得なのです（↓59ページ）。そのようなことが、数学の計算によってはっきりわかります。

つまり、数学は、人間が陥りやすい思い込みや誤解を正し

て、事実を見せてくれるわけです。

当たり前のことですが、算数や数学では数字を使います。数字は人間が勝手につくった人工のもの、抽象的で、概念です。だから、無機的で冷たく、無意味に思えます。けれども、そういう冷たい数字を人間が利用すれば、あたたかいものになります。もっとも身近な例が「音楽」です。音の高低と長さ、拍子が数字によってはっきりと決められるからこそ、美しい音楽や楽しい音楽、私たちを励ます音楽が生まれるのです。

おいしい料理だって、数学と切り離すことはできません。砂糖、塩、だし、素材などの分量と入れる順番がきちんと決まっているから、おいしい料理ができあがるのです。数学抜きの料理のレシピなんかありえません。

このように、数学は生活に応用することによって人間を楽しませてくれる大事な素材です。ともすれば、数学なんか嫌いだということにはならないはずでしょう。

「数学が生まれた理由」からわかる、学ぶと得するワケ

人類は、まず〝はかる〟ことを始めました。「1年の日数」をはかり、「明るい時間と暗い時間」をはかり、「太陽の動き」をはかり、「四季の長さ」をはかりました。

なぜ、自然をはかり、その中に時間を見つけたかというと、生きるためです。人は食べなければ生きていけません。しかし、食用肉となる動物がいつも簡単に捕まるわけではありません。であれば、基本の食糧となる作物が必要となります。

その作物を植え、育て、収穫するためには時間を正確に知らなければならないでしょう。世界のそれぞれの地で古くから暦があったのは、生きるためなのです。

人が多くなり、社会ができるようになると、大きな数を正確に数えなければならなくなります。また、たくさんの食糧をたくさんの人に公平に分配しなければなりません。そのため、**数字と数学は生活を支える重要な道具となったのです。**

数字はものを数えるだけではなく、記録し計算するための道具となりました。そのためにも紀元5世紀頃のインドでのゼロの発明（諸説あります）は画期的でしたし、人類にとって絶対的に必要なものでした。

ゼロがあるからこそ、わたしたちは簡単に計算ができるし、現代のコンピュータだって正確に動くのです。ふつうの数字は他の数字で代替できるけれども、ゼロだけは他のものに置き換えることができない最重要なものなのです。


そうしてさまざまな計算ができるようになった人類は、**「この場合にはこの計算がいちばん簡単に正しい答えを導き出せる」**ということを次々と発見し始めました。

それが〝公式〟です。

いちばん単純で広く知られている公式は、四角形の面積を出す公式（タテ×ヨコ）でしょう。この公式で土地の広

さを数字にして考えることができます。

しかし、実際の土地はいつもきっちり四角形ではありません。三角形になっているところがあったり、丸くなっていたりするところもあります。そのために、いろんな公式が必要になるわけです。

もちろん、公式なんか使わなくても土地の面積を出すことはできます。けれども、公式を使うときの数倍の時間と労力がかかります。だとしたら、やっぱり公式を使って計算するほうが便利だし、得でしょう。

数学を含めて、人類が今までやってきたことはムダではありません。**数学という表現は、これが学問であるかのような印象を与えるけれど、その目的はやっぱり人類が快適に生きられるためのサービスなのです。**

そんなうれしいサービスなら、わたしたちは数学をどんどん使ったほうがいいでしょう。何しろ、このサービスはいくら使ってもほとんどタダなのですから。

数学センスは図で考えれば身につく

数学センスは才能ではありません。学校での成績なんかぜんぜん関係ないのです。誰もが持っている「いたずらゴコロ」や「遊びゴコロ」が数学センスをつくっています。

例えば、数字をオモチャにして遊んだりしているうちに数学センスが身についていきます。『不思議の国のアリス』を書いた作家（ルイス・キャロル）もそんな遊びをしていたそうです。

何か問題があったとしても、頭で考えているだけでは解決しません。実際に動いてみて、はじめて解決の糸口が見えてくるものです。数学の問題の場合も同じです。手を使って、図を描いているうちに答えが見えてくるのです。

例えば、こんな問題はどうでしょう。

ある正方形の窓をステンドグラスで飾ることにしました。すると、製作費が10万円かかるとわかりました。予算は5万円しかありません。ステンドグラス作家にたずねると、「面積が半分なら5万円でいい」といいます。では、この枠内の垂直と水平方向にきちんとおさまるような半分の面積を持った正方形の窓にするためには、どうしたらいいでしょう。

図を描けば、答えは自然と見えてきます。すなわち、もとの正方形の半分の面積にするには、横に半分にするか、対角線で切って半分にすればいいわけです。しかしそれでは、正方形になりません。【図】のような形のステンドグラスなら、形は正方形になります。しかも、面積は半分です。こうして、5万円で製作可能な正方形の窓ができることになります。

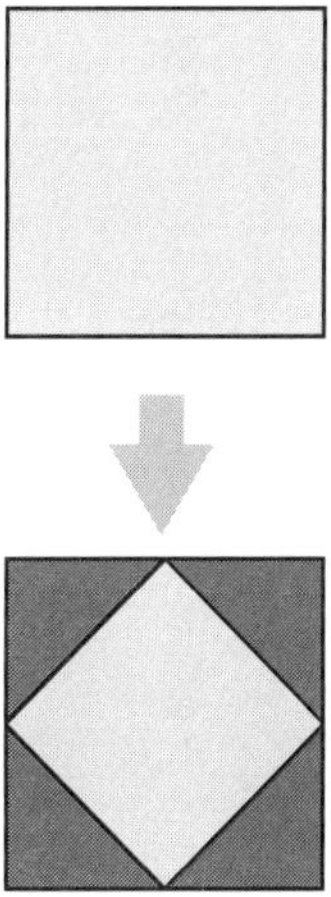

一見解決が不可能そうな問題は、ちょっと手を加えれば解きやすくなります。このように、いわゆる〝数学センス〟とは、解決のための工夫ができるかどうかだけなのです。

図　面積を半分にした正方形をつくるには？

学校で習う数学では「数学アレルギー」になりやすい

「実数」や「整数」などという言葉があるものだから、数字が物理的に存在すると思っている人がいます。数字は1つの表現方法なので、実際には存在しないものです。

分数を理解できない小学生が多いということが過去に問題になりましたが、子どもが非現実的な分数がわかりにくいのは当たり前のこと。もっとも、大学生でも分数をわかっていない人たちもいるのですが……。

例えば、現実では千円の半分は五百円であって、2分の千円ではありません。それでは、分数なんて必要のないものなのでしょうか。

そんなことはありません。割り切れないものを表現する場合に役立ちます。つまり、0・3333……、と書き続けなければならないものを$\frac{1}{3}$と書いてすませることができるのです。あるいは、割合を重点的に示す場合にも分数は便利です。

つまり、目的によって、いろんな表現の数字をそれぞれ用いるわけです。このことを学校で、はっきり教えたほうが数学はわかりやすくなるでしょう。**「これこれで表される数字が、実際生活でどのように使われるのか」を知っているのと知らないのとでは、理解がまるで違ってくるというものです。**

多くの人にとって、わかりにくい数字の代表例が、高校の数学で習う「虚数」でしょう。虚数とは、「2乗すればマイナス1になる数」のことです。この虚数をiで表し、**【式】**のようになるわけです。

この説明だけでも、「なんじゃ、そりゃっ！」といいたくなります。「そんな変なものなんか使う意味ないじゃん！」と考えるほうがまともかもしれません。

では、虚数は実生活で何に使うのでしょうか。答えは意外と身近にあります。電圧、電力などを計算で求めるときに使うのです。つまり、電力関係の面倒な計算は、虚数を使うと簡単にできるというわけです。

「√（ルート）」を使う「平方根」も不気味な感じがします。しかし、これも実生活では便利なものとして使えます。そのもっとも身近な使い方の代表例は、土地

【式】　$i^2 = -1$

虚数単位は $i = \sqrt{-1}$

の1辺を表現するときです。

1341㎡の面積を持つ正方形の土地の1辺を表現するとき、$\sqrt{1341}$と書くだけですむのです。わざわざ計算して1辺の長さを出す必要がないわけです。要するに、手間をはぶくためのものぐさな表現方法です。

生徒をうんざりさせる「三角関数」は、実生活では建築や測量に使われます。例えば、ピラミッドは、三角関数を使って計算して230万個以上の数の巨石を積み上げ、紀元前25世紀頃に造られたのです。

日本でもヨーロッパでも、戦争のときはよく三角関数を使っていました。三角関数で何を計算するのかというと、大砲で飛ばした弾丸の着弾地点を計算するのです。つまり、三角関数がちゃんと計算できないと、戦争で負けてしまうということです。

このように、人間が数学をどのように使っているかということが教科書にもっとくわしく書かれていれば、数学嫌いはとても少なくなると思われます。

「数学を知っている人はカッコイイ」の本当の理由

この本は、とりあえず数学を素材にした本です。しかし正直にいうと、私は数学なんて嫌いで苦手だったし、学校での算数や数学の成績も悪かったのです。それなのにこうして数学を元にした本を書いています。

「数学をもう一度勉強して、やっとわかったから数学の本が書けた」わけではありません。寝る前に物理学やら数学の本をパラパラめくっていて**「数学って結局は考え方じゃないか！」**と遅まきながら気づいたのです。だから、そのおもしろさの一端をみんなに伝えようとして、この本を書いたのです。

中学校や高校の教師はよくこんなことをいいました。みんなも覚えがあると思います。

「数学は積み重ねだよ」

「学校の数学なんて、一種の暗記物だよ」

これらは明らかにウソです。今になってわかります。数学はどの分野から勉強しても、理解することは可能なのです。

数学がわかるということは、いろんな考え方がわかるということです。だって、数学と哲学はとても似た分野なのですから。偉大な数学者で偉大な哲学者は多いのです。アルキメデス、パスカル、デカルト、ラッセル……。

さて、本書では数学を使った遊び、工夫、意外な計算方法を紹介しています。元となった数学は、小学校から高校の始めまでに習うものばかりです。

「面積・体積の求め方」「確率」「初等幾何学」をはじめ、「概算」や「速算のやり方」「補助線の考え方」「相似の応用」「三角関数」などなど。

これらは、人類が長い間にいろいろ考え、発見してきた数学です。もちろん、最初から学問としての数学を考えたのではありません。

「面積や体積を知るにはどうしたらいいのか」「頑丈な家を建てるにはどうすればいいのだろう」「とても似ている形の大小にはどんな関係があるのだろう」など実生活の問題から考えられてきたのです。

こうした実生活での必要性から考えられたのが数学なのですから、数学は実生活で使うのにとても便利なものです。

また、数学は仕事や作業の効率をよくするばかりではありません。とても美しいものなのです。例えば、「黄金比」（↓177ページ）がそうです。こうした美しさもわかっていただけたらと思います。

本書は生活に役立つということを念頭に置いていますから、読んで、実際に試して、便利でおもしろいというふうにしてあるけれど、**本当におもしろいのは、数学的な考え方です。**

本書を読みながら、「なるほどなぁ」と、あなたが思ったとしたら、あなたは数学的なものの考え方に近づいたことになります。そして、それはあなたのアタマがとても柔らかくなった証拠でもあります。

そうした柔軟な考え方ができるようになると、現実生活でいろんな問題が起きたときに、きっとあなたなりの

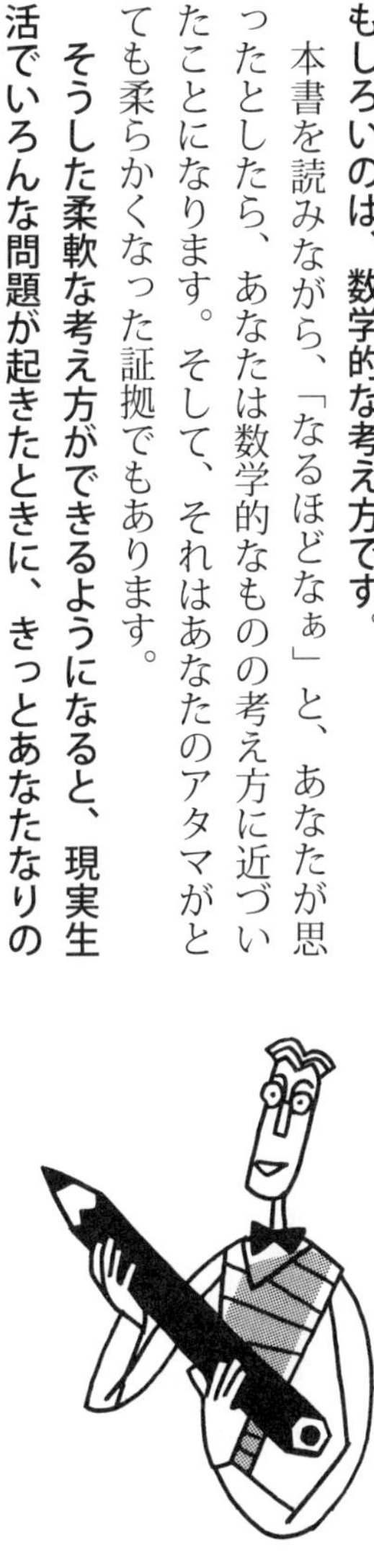

解決方法が自分で見出せるようになっていると思います。

これが、本書のとても大きな効用じゃないでしょうか。学校でいい点をとるより、ずっと素晴らしいことです。

そんな人間が魅力的でないわけがありません。カッコイイに決まっています。ですから、多くの人にカッコよくなってもらいたいがために、本書はあります。

さぁ、こうした観点から、もう一度数学を見直してほしい。きっと新しい発見があるでしょう。それはとても楽しいはずです。「点数」という呪縛から解き放たれたとき、学ぶ楽しさが見えてくるのです。

1章　数学は図で考えると「新しい常識に切り替わる」

ラーメンのどんぶり、缶ジュース、意外な量の比較結果

【図】のような2つのカップ①と②があった場合、どちらの内容量が多いか、わかりにくいものです。

人間の目はだまされやすいですから、大きく見えるほうが実は小さかったという経験は誰しもあるでしょう。

水を入れてみて、その水の量を別の容器に移してみればいいのですが、カップ売り場ではそういうこともできません。こういうときは、数学アタマで考えてみましょう。

円すい台の体積（V）を算出する公式に当てはめてみます（【式】）。

結論からいっておきます。高さが多少あるカップ②より、口が少しでも広めのカップ①、あるいは底面積の大きいほうが容積が大きいのです。

例えば、【図】では、背の高いほうがどうしても大きく見えてしまうものです。しかし、実際は背の低いほうが25％も内容量が多いのです。

ラーメンのどんぶりも円すいの一種になりますが、あれになみなみと入ったスープはいかにも多く見えます。しかし、実際はジュース1缶、あるいはビールの小瓶、つまり350㎖ほどの量しかないのです。

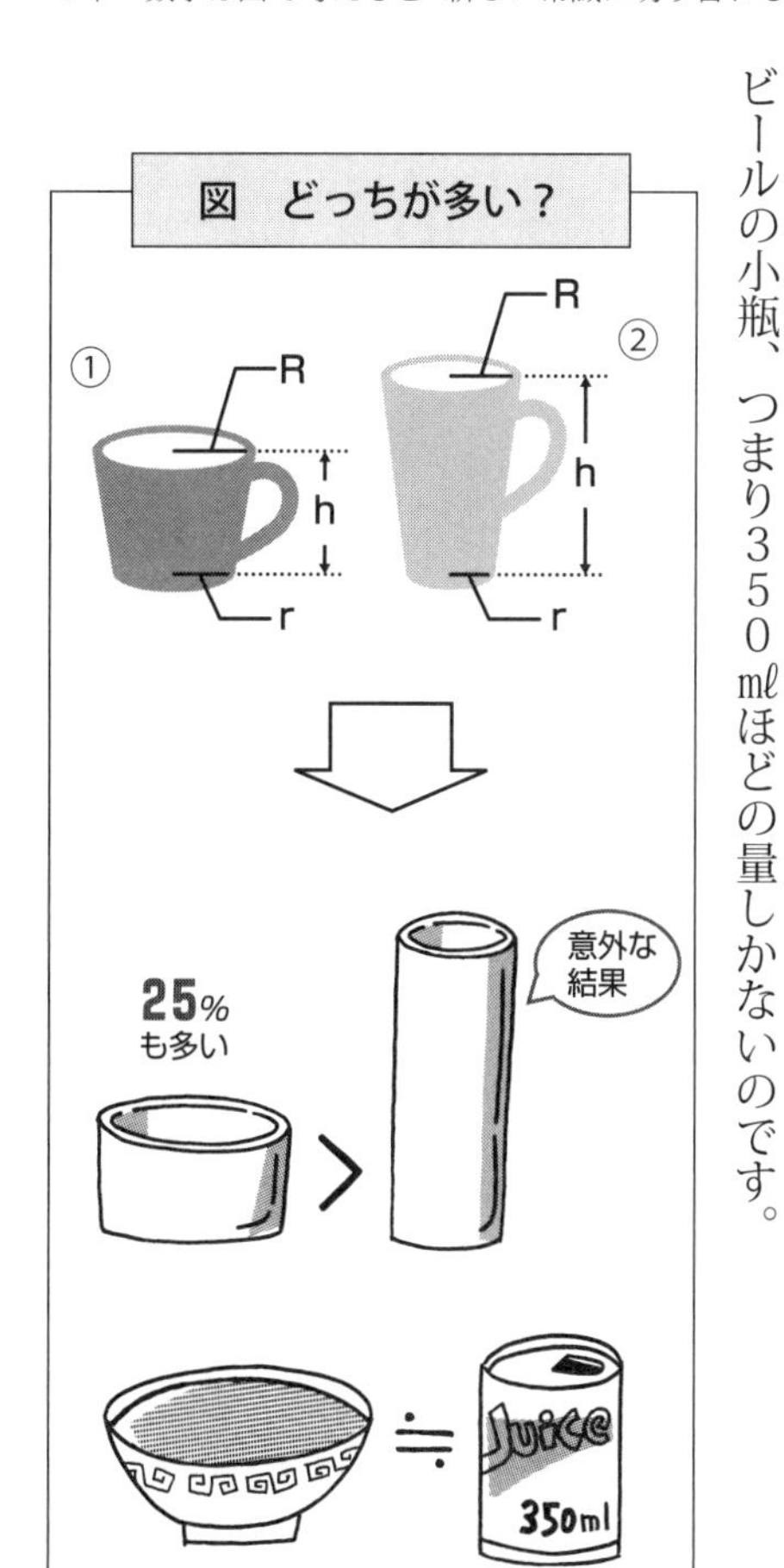

【式】　$V=\frac{1}{3}\pi h(R^2+Rr+r^2)$

YouTube再生回数120万回とTV視聴率1%はどっちがすごい？

「このYouTube動画は、120万回再生されました」

こういわれると、人気があるんだなと思います。次はどうでしょう。

「このTV番組の視聴率は1%です」

人気のない番組だなと思うはずです。一概に、動画の再生回数とTVの視聴率を同列に比較することはできませんが、見ている数を比べてみましょう。

2019年では国内世帯数が約5852万世帯、平均世帯人数が2・18人、TVを見ない人が全人口の10%（つまり、TVを見る人は90%）といわれています。すると全国放送の視聴率1%（＝0・01）のざっくりとした計算は【式】となります。

視聴率1%と、数字が低く見えますが、放送したそのときに、おおよそ114万人が見ている計算になるのです。対してYouTube動画は、アップロ

【式】　0.01×58520000×2.18×0.9
＝1148162.4

ード（投稿）してからの再生回数です。

それにしても、「ＹｏｕＴｕｂｅ動画再生数１２０万回」と「ＴＶ視聴率１％」では、印象はまるで違います。

詐欺師ならば、こういう印象が変わる「言い換え」をよく知っています。相手が勝手な思い込みをして、だまされるからです。

次のような話があります（パウロス著『数学オンチの諸君！』より要約）。

ある投資コンサルタントが、投資する気持ちのある人間3万2０００人に「ある手紙」を送ります。内容はある特定の株が上がるかどうかについてです。半分の1万6０００人には「上がる」と書き、残りの半分の1万6０００人には「下がる」と書いて発送するのです。

株が上がっても下がっても「第2の手紙」が送られます。ただし、その手紙が送られるのは、前回「正しい予測」を受け取った1万6０００人です。

そして、さらにそのうちの1万6０００人は半分に分けられ、一方には「上がる」、一方には「下がる」という内容の手紙が送られます。

同じ手順を繰り返し、最終的に1０００人に絞ります。この1０００人は5回にわたって「正しい」株価予測の手紙を受け取った人たちであり、この投資コンサルタントの「素晴らしい投資予測」に感嘆している人たちです。

そして仕上げです！　投資コンサルタントはこの1000人に向けて、「次週も正しい予測が欲しかったら500ドル払うように」という手紙を送るのです。これはほとんど拒めないでしょう。

この話の何がだまされた、と思うかわかりますか？　投資コンサルタントは、3万2000人に手紙を送るだけで、株価が上がろうが下がろうが、最終的に1000人から500ドル振り込まれるようになるのです。

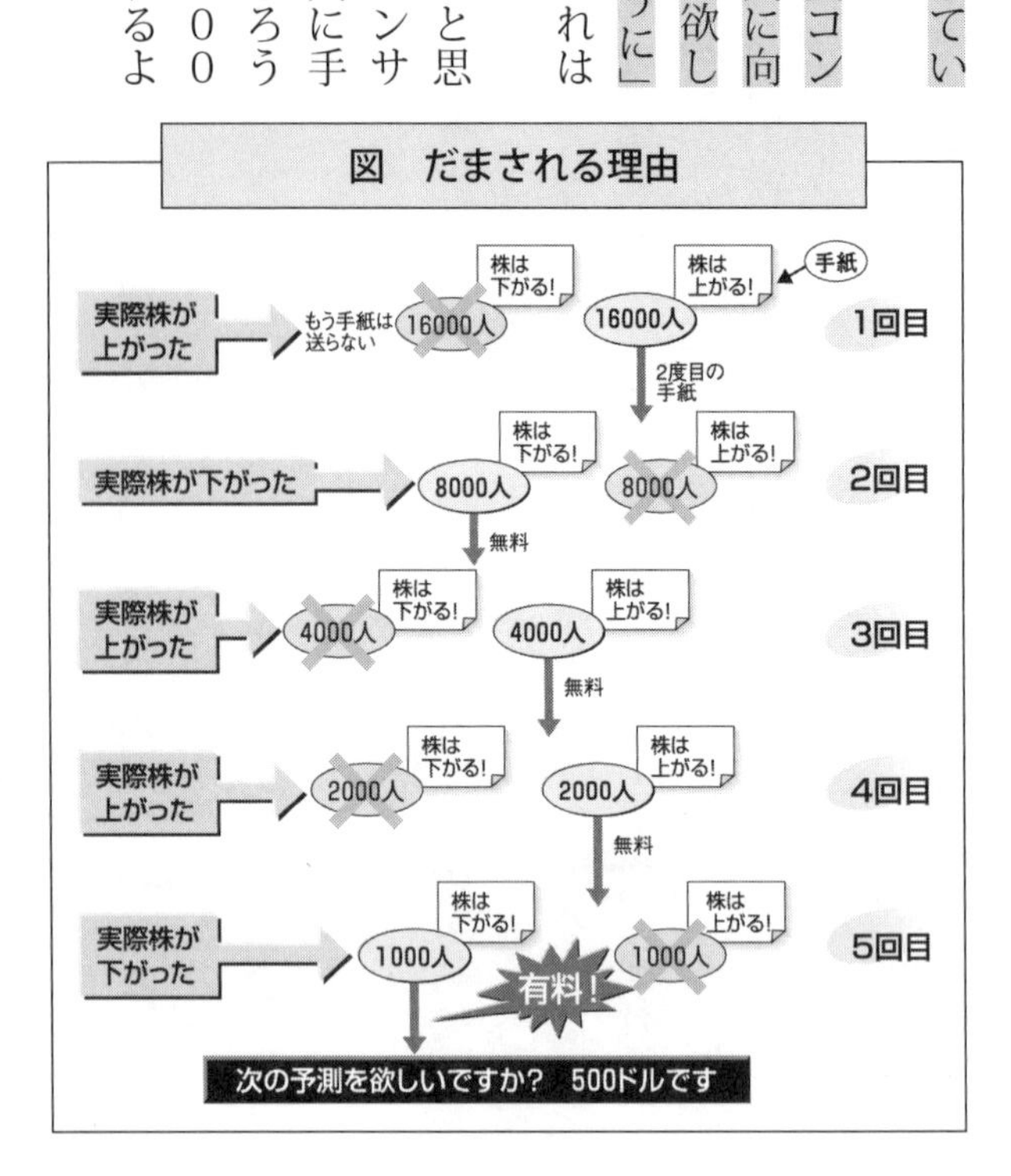

「40人に同じ誕生日の人がいる確率」は、90%を超える!?

タケシ君がレナさんに次のようにいいました。

「僕と君は同じ誕生日だよね。40人しかいないこのクラスで、同じ日に生まれた君と僕が一緒になるなんて、奇跡に近い！　きっと運命なんだ。仲良くしよう」

レナさんはその奇跡を信じているようです。でも、ホントに奇跡なのでしょうか。

タケシ君の誕生日を4月1日とすると、レナさんの誕生日が4月1日となる確率は、次のように考え直すことができます。

このクラスの残り39人が、365に分割されたダーツの的に向けて、矢を1本ずつランダムに投げ、たまたま1人以上が同じ的に命中する確率と同様だと考えられます。

したがって、確率は365分の39になり、これは約11%の確率です。おおよそ10回に1回の割合で命中するのです（【図1】）。ですから、奇跡というには、かなり無理がある数字

図１　誕生日の偶然

$$\frac{39}{365} \fallingdotseq 約11\%$$

40人のクラスで同じ誕生日の人がいない確率は

$$\frac{364}{365} \times \frac{363}{365} \times \cdots\cdots \times \frac{326}{365} = 0.109$$

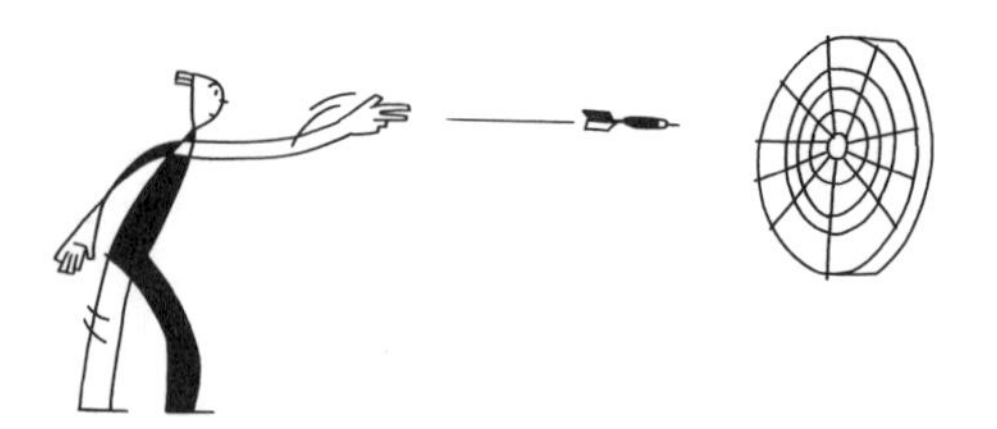

これから、同じ誕生日の人がいる確率は

$$1 - 0.109 = 0.891 \fallingdotseq 約90\%$$

【式】　1（100%）－「40 人の誕生日がすべて一致しない確率」

ともいえます。

では、タケシ君とレナさんだけに限らず、クラス全体で、同じ誕生日のペアが1組以上ある確率はいったいどのくらいなのでしょう。

これは、「40人のクラスでは、同じ誕生日の人が1組はいる」と言い換えられます。「同じ誕生日の人がいる」ということは「40人の誕生日がすべて一致しない」こととと正反対だと考えられます。

つまり、【式】のようにして求めればいいわけです。

すると、なんと！　90％の確率で同じ誕生日の人がいるのです。タケシ君からすると奇跡はたくさん起こっているようですね。【図2】

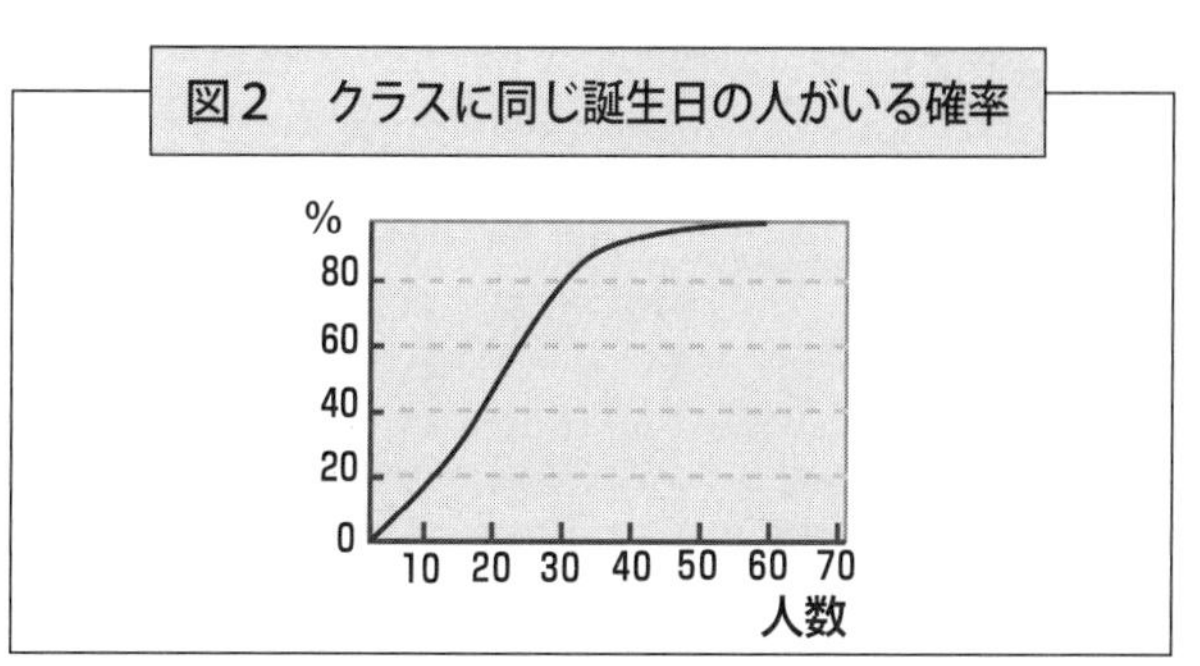

図2　クラスに同じ誕生日の人がいる確率

「コロ」と「台車」はどちらが効率的に運ぶか、その意外な答えとは

古代エジプトが舞台のスペクタクル映画なんかを見ていると、大きな石を運ぶのに「コロ」を使って、人々が汗水たらして働いているシーンが出てくることがあります。

コロとは【図】のように、荷物の下に敷いて、転がして移動させるために使う道具です。円柱形で、丸太棒などが使われたりします。

さて、例えば、直径1m（ちょっと大きいかもしれませんがここでは、計算上）のコロが1回転したとき、上に載っている石は何m進むでしょうか。


大概の人は即座に、「円の周の長さ（＝直径×円周率）」を頭で計算して、「3・14mさ！」という答えを出します。が、しかし、残念！　それは間違っています。正解は6・28mです。すると、大概の人はキツネにつままれたような顔をします。

大概の人が答えているのは、【図】のように車輪がついた「台車」が1回転するときに進

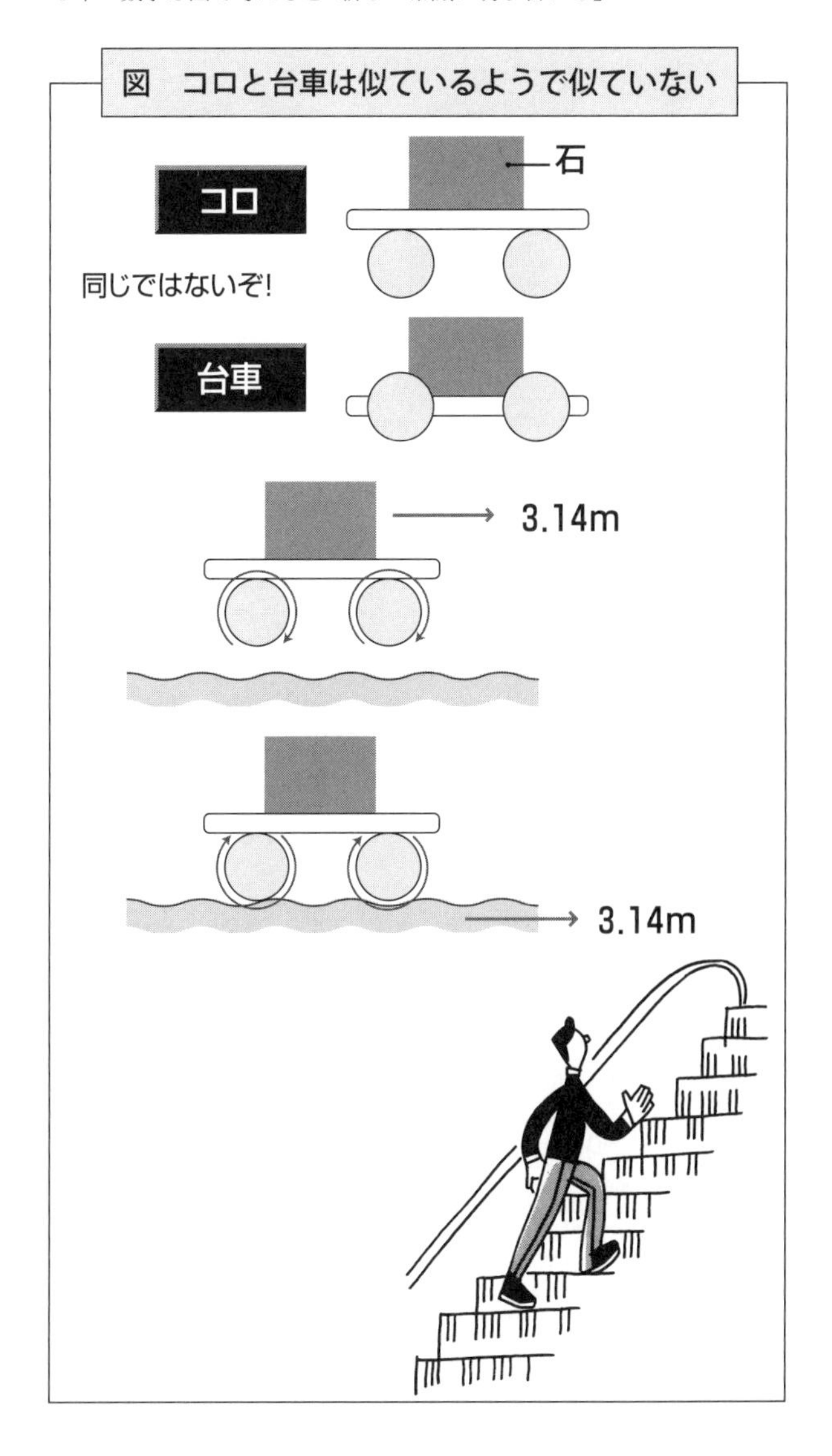
図　コロと台車は似ているようで似ていない
石
コロ
同じではないぞ!
台車
3.14m
3.14m

む距離なのです。「えっ、同じものじゃないの?」という人は、よ〜く見比べてください。

コロの場合について考えます。まず、コロが地面に接していないと想像してみましょう。このとき、コロが1回転すれば、コロが石を前に送り出すため、石は3・14m進みます。次に、地面にコロが地面についているとすると、コロが1回転するとき、コロ自体が3・14m進みます。

この「コロが石を送り出す距離」と「コロ自体が進む距離」の2つを足すことで、石は6・28m進むことがわかるのです。


納得できましたか？　これは、急いでいる人が昇りのエスカレーターを歩いているのをイメージすればいいでしょう。エスカレーター自体が進んでいて、それを歩く人も進んでいるのです。

コロは、板から外れたら、また前に持ってくる手間はかかりますが、効率のいい道具といえます。

船は、行きの時間以上に帰りに長い時間がかかる理由

河川や湖の名所・景観を見せながら走る遊覧船は、一般的に行きに50分なら、帰りはそうはいかずにもっと時間がかかります。

このように船の行きと帰りでは時間のかかり方が違うということを知っていたでしょうか。

これは、川の流れが船を押したり、はばんだりしているからです。

そういう場合でも、静水中（まったく流れのない水の上）での船の速度と、流れの速度をはかることができるのです。これは一見難しそうですが、実は、小学生でもできる簡単な計算で割り出せます。

例をあげて説明します（【図】）。

まず、船が折り返し点まで到達するのに、どのくらいの時間がかかったかを知る必要が

あります。

５㎞先の折り返し点まで12分かかったとします。12分は０・２時間と置き換えておきましょう。速度を知るには、【式１】のように求めます。

この公式を利用して、行きの時速は25㎞だとわかります。

そして、帰りは水の流れにさからうために、同じ距離を15分（０・２５時間）かかって戻るとすると、帰りの時速は20㎞となります。

この行きと帰りの時速の差は５㎞。往復で５㎞の差になったわけですから、水の流れはその２分の１の速さとなり、時速２・５㎞となるのです。

したがって、水の流れに押されて勢いづいた船の時速25㎞から、この流れの速度を引くと、静水中の船の速度がはかれるというわけです【式２】。

【式１】　速度＝距離 ÷ 時間

【式２】　25－2.5＝22.5（㎞／時）

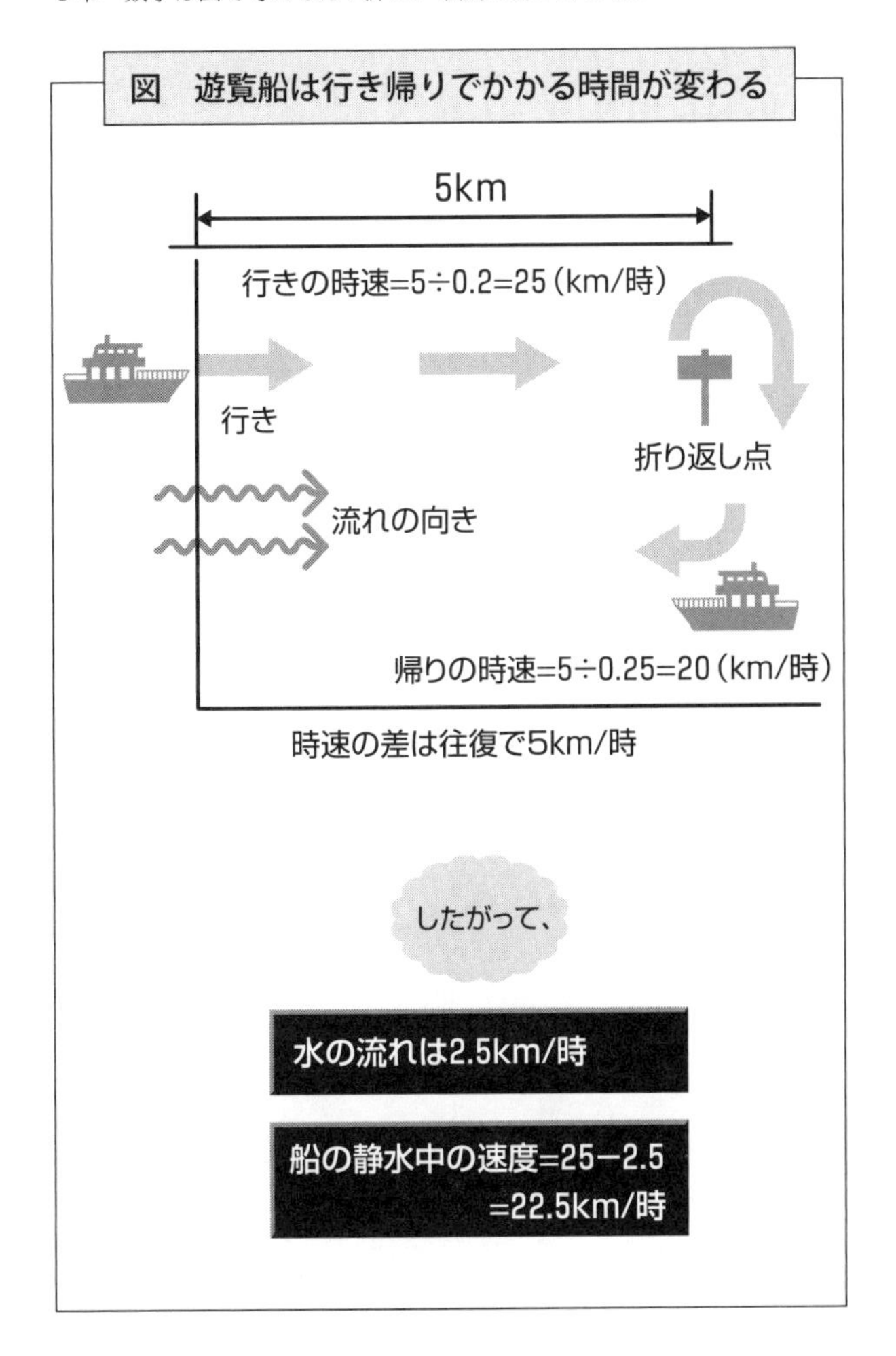
図　遊覧船は行き帰りでかかる時間が変わる
5km
行きの時速=5÷0.2=25（km/時）
行き
折り返し点
流れの向き
帰りの時速=5÷0.25=20（km/時）
時速の差は往復で5km/時
したがって、
水の流れは2.5km/時
船の静水中の速度=25−2.5
=22.5km/時

9割の人が間違える「平均速度の計算」

ある車が100㎞の距離を走るのに2時間かかったとしたら、その平均時速は50㎞となります。

これに異論はないでしょう。

では、平均時速に関する次の説は正しいかどうか、考えてみましょう。

〈アルファ(仮名)という新車は50㎞の距離を往復するのに2時間かかった。つまり、アルファの平均時速は50㎞だった〉

これは、冒頭と同じように間違いなさそうです。

〈次に、ベータ(仮名)という新車も同じ距離を走らせてみた。その結果、往路の50㎞の

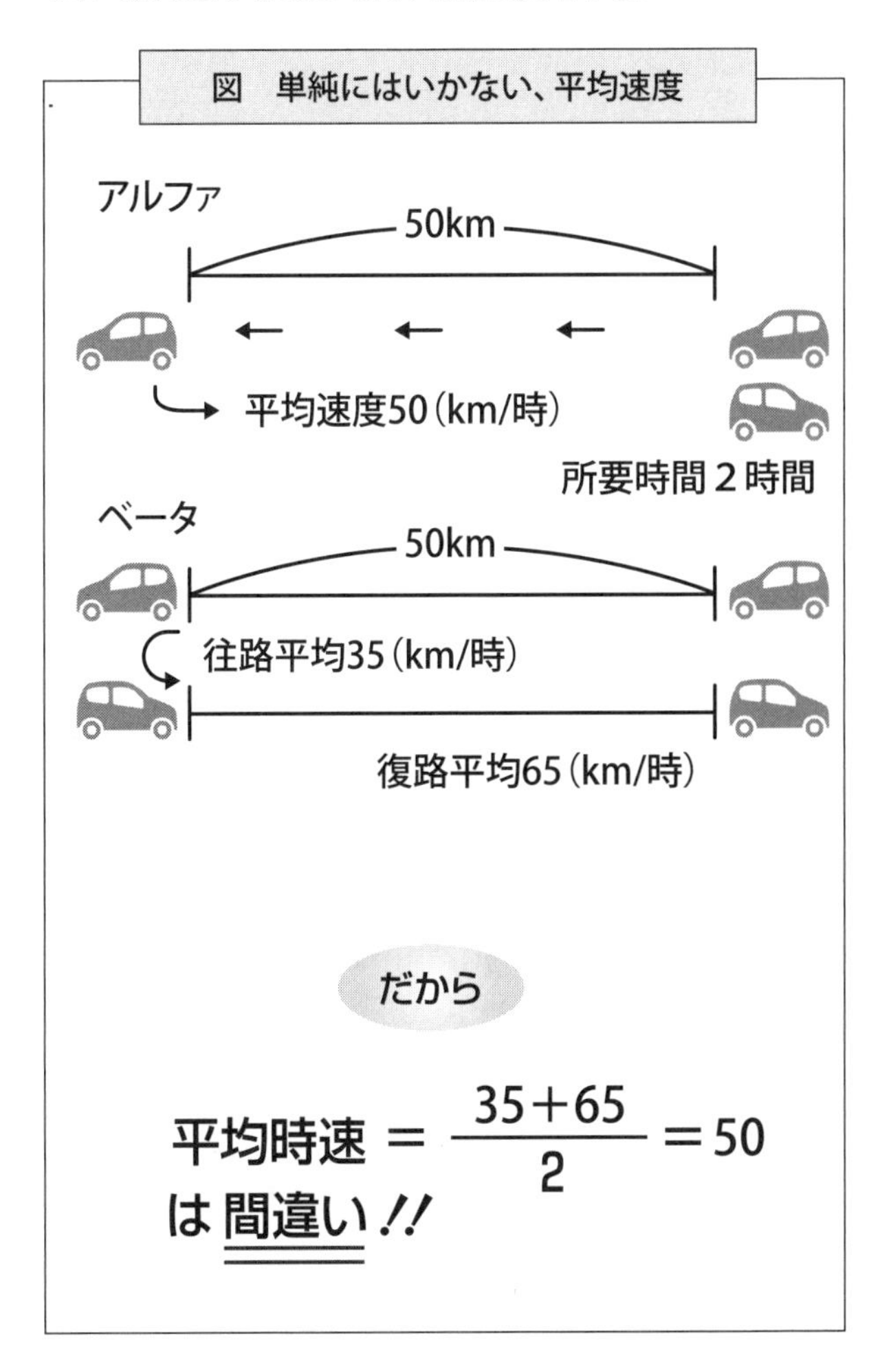
図　単純にはいかない、平均速度
アルファ
50km
平均速度50（km/時）
所要時間２時間
ベータ
50km
往路平均35（km/時）
復路平均65（km/時）
だから
平均時速 ＝ 35＋65/2 ＝50
は間違い！！

平均時速は35㎞だった。だが、復路の50㎞では、ガソリンを消費して車体が軽くなったため、平均時速が65㎞になっていた。

だから、ベータの往復の平均時速は、往路と復路の平均時速を足して2で割れば出る。この計算から、ベータのトータルの平均時速も50㎞となる。

つまり、アルファもベータも同じ距離を同じ時間で走る〉

この説は間違いです。

実際に計算してみましょう。時間は、道のり÷速さです。

ベータの往路、復路の所要時間を計算すると、正しくは【式】のようになります。

【式】　往路：50÷35＝1.428…時間（約86分）
　　　　復路：50÷65＝0.769…時間（約46分）

ベータは往復で約132分かかっています。すると同じ距離を走れば、アルファのほうがいくぶん早く着くのです。つまり、平均時速と平均時速を足して2で割っても、実際の平均時速とはならないのです。

図で見るとよくわかる「車のブレーキはお早めに」の真相

免許を持っている人は誰でも「ブレーキはお早めに」という標語は知っているはずです。事実、ブレーキをかけるのが少し遅すぎてヒヤッとした経験が誰しもあるのではないでしょうか。高速道路ではもっと前に止めるつもりが、ブレーキをかけてから思った以上に距離がのびてしまった経験もあるでしょう。

交通事故の件数は昔よりは少なくなったものの、まだまだ多く、1人ひとりのドライバーの意識の向上が望まれます。何がいいたいかというと、私たちはブレーキをかけてから止まるまでの距離（これを停止距離という）はスピードに比例している、と考えてはいないでしょうかということです。

残念ながら、その考え方は間違っています【図1】。

実際には、車がブレーキをかけてから止まるまでの距離は、次のようなものでした（ただし、車種、タイヤなどによって異なります）。

時速20km……8m
時速40km……22m
時速60km……44m
時速80km……74m

ただし、これは乾いた道路の話であって、濡れた道路ではもっと長くなります。というのは、タイヤと道路の摩擦力が関係しているからです。

停止の目安は簡単にいうと【図1・2】で表され、スピードの2乗に比例するという事情があるのです。ですから、ブレーキはお早めに。

図1　停止距離の公式

停止距離(m)　＝[時速]([時速]＋1)＋2

ただし、この式での[時速]は
10㎞単位で1とする。
例えば、時速70㎞の場合の停止距離は、
次のようになる。

7×(7＋1)＋2＝58(m)

図2　車は急に止まれない！

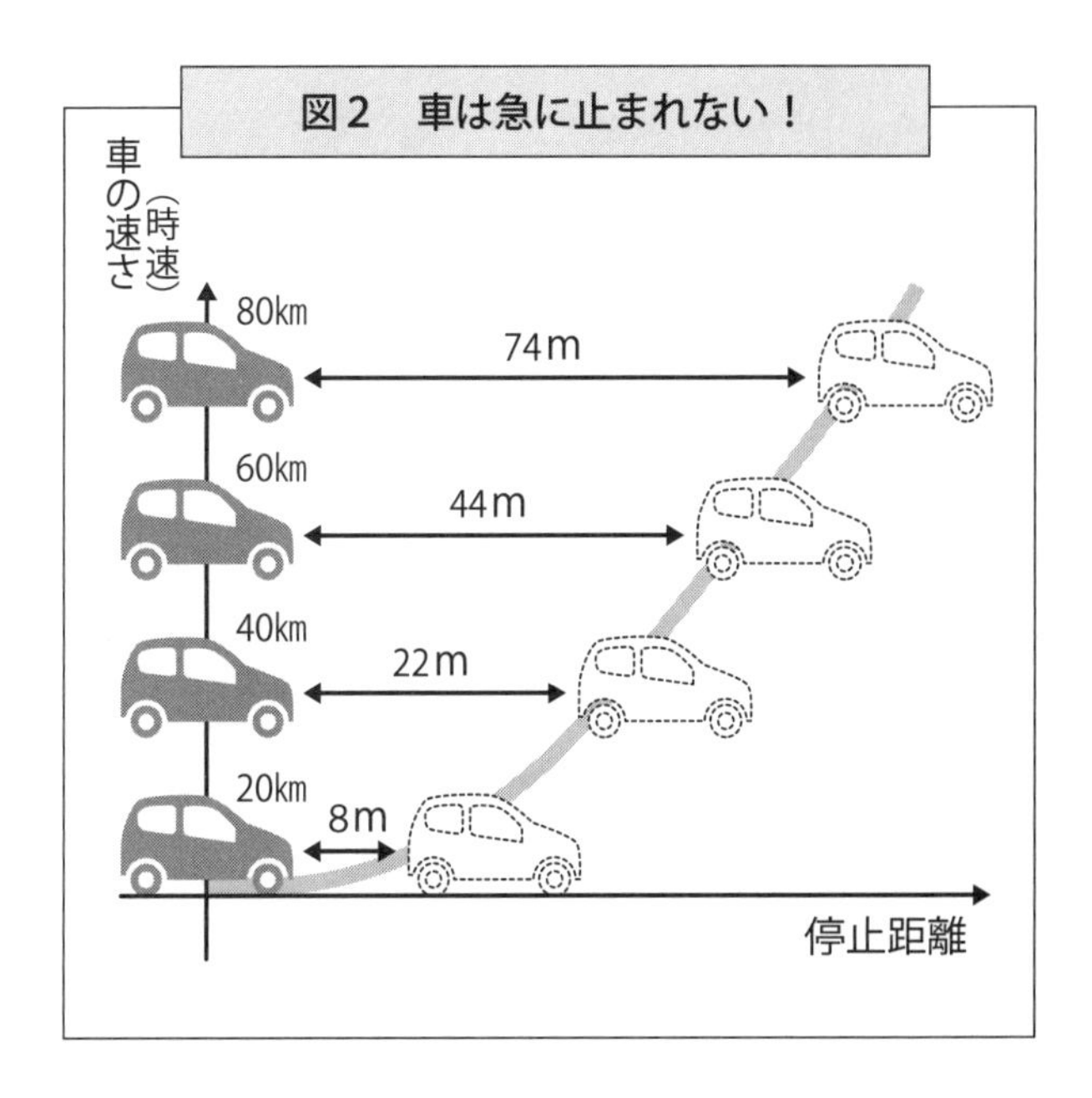

数学でよくわかる、本当に怖い「車の追い越し」

「ふだんはおとなしいけれどハンドルを持つと性格が変わる」という人は、周りにいませんか。前をのんびり走っている車があると、すぐにイライラしてしまって追い越しをかけてしまうという人です。無謀な追い越しは交通事故の元ですので、絶対にやめましょう。

ではいったい、追い越しをかけてから、完全に抜き去るまでに、どのくらいの距離を走るものなのでしょうか。

【図】のように、A車の前をB車が走っていたとして考えてみましょう。

Aの速度を時速Ａ㎞、Bの速度を時速Ｂ㎞とします。また、A、Bそれぞれの車の長さをａ、ｂｍとします。もちろん、BよりもAの速度が速い。両車の間隔がｃｍで追い越しを開始、ｄｍ間隔が空いたら追い越し完了としま

【式１】　$X=c+b+x+d+a$

す。この間、Bがxm走るとします。【図】からもわかるように、Aが追い越しを終えるまでの距離Xは、【式1】のようになります。

ここで注意してほしいことは、単位を「時速：km／h」から「秒速：m／s」に統一するということです【式2】。

【図】よりXの距離がわかりました。では、実際に数字を当てはめて考えましょう。追い越す車Aが時速70km、追い越される車Bが時速60kmとします。その場合、追い越すのにどのくらいの距離が必要で、どのくらいの時間がかかるのか予想してみてください。

実際に計算してみます。【式3】に次の数字を代入します。A＝70km／h、B＝60km／h、a＝5m、b＝5m、c＝60m、d＝60m。

計算すると、追い越すまでに約910mも走ることになるのです。しかも時間にして、約46・8秒（！）。想像以上の数字ではありませんか。

この間、一般道の場合、対向車もあるのですから、追い越しはかなりリスキーだと考えてよさそうです。

図　追い越しにかかる距離

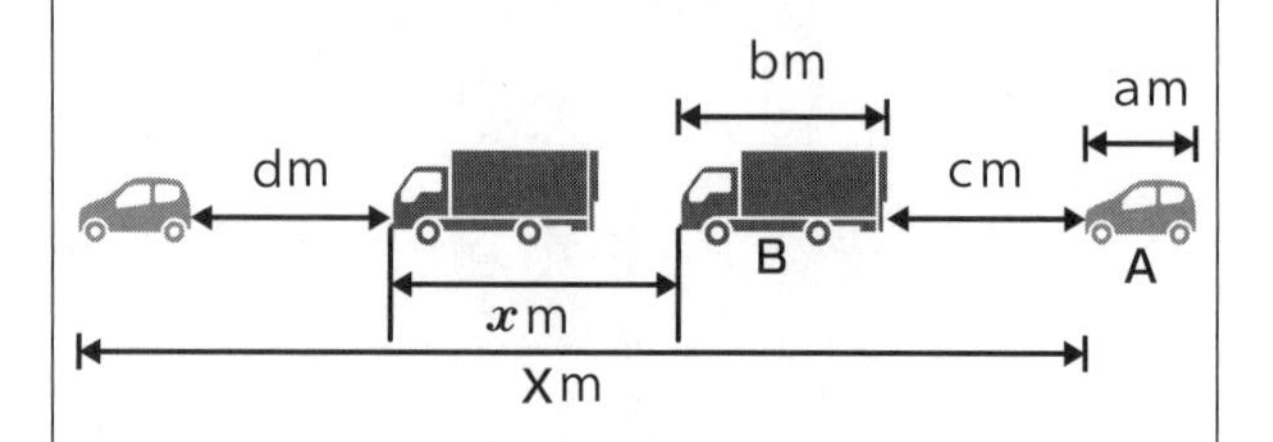

時速を秒速に変換する式

$$A\text{km/h} = \frac{1000A}{3600}\,\text{m/s}$$ …【式2】

追い越しに費やす時間を t とすると、

$$\text{時間} = \frac{\text{距離}}{\text{速さ}}$$ から

$$A\ ;\ t = X \div \frac{1000A}{3600} = \frac{3.6}{A}X$$

$$B\ ;\ t = x \div \frac{1000B}{3600} = \frac{3.6}{B}x$$

したがって、

$$X = \frac{A(a+b+c+d)}{A-B}\ (\text{m})$$ …【式3】

池の周りの道、内側と外側で意外に距離の差があった？

恋人同士のハルキ君とトモミさんはデートで公園にやってきました。公園には【図】のような池があり、２人はベンチに腰掛けて、しばらく話していましたが、陽が落ちてきました。そこで、最後に池の周りを1周して、帰ることにしました。

そのとき、ハルキ君は少しでも長く一緒にいたいと考えました。池の周りをどのようにして歩いたらよいでしょうか。

もちろん答えは、池の周囲の道の外側を歩けばいいわけです。では、道の幅は５ｍだとすると、内側と外側を歩くのでは、どれくらいの違いが出てくるのでしょうか。

1周の差は、図のように円で考えても同じだとわかります。半径の長さをｒ（ｍ）とすると円周は２πｒで求められます。したがって、【式】のようになります。

その差は10πとなり、約31ｍ長いことがわかります。池の外側を歩くことで、ハルキ君はトモミさんと、約31ｍ歩く分、一緒にいられるというわけです。

図　少しでも距離を伸ばす方法

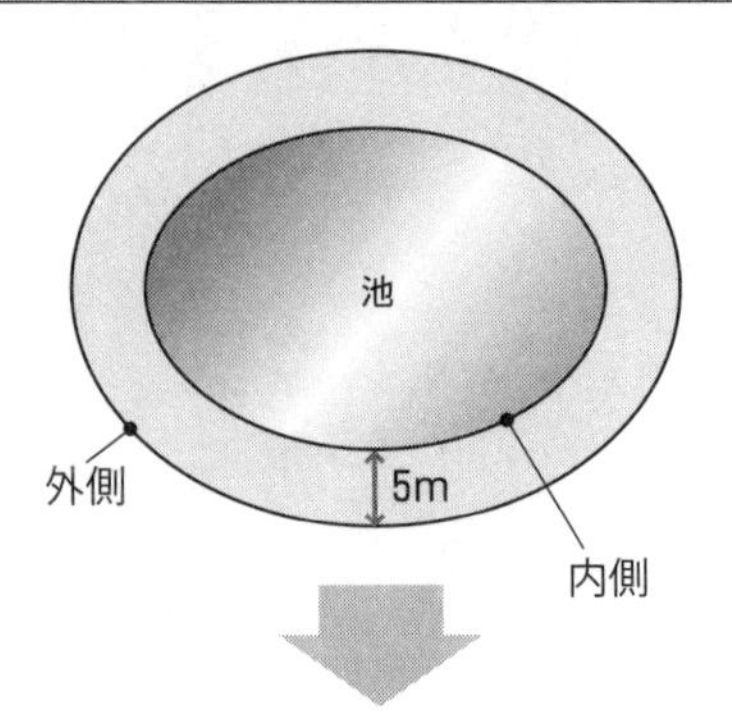

円で考えても同じ

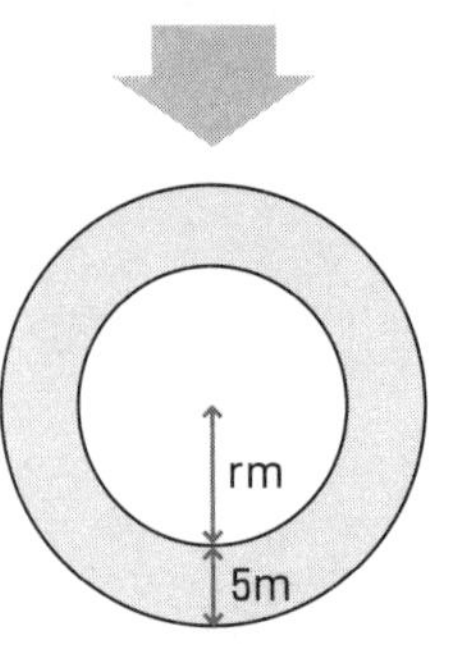

内側と外側の差は10π

【式】　内側：$2\pi r$

外側：$2\pi(r+5)$

2章　数学は図で考えると「損をしないで、得をする」

《アルバイト平均時給2000円》"平均"に隠された落とし穴

「平均」という言葉を聞くと、ヤジロベエを思い出す人が多いらしい。

ヤジロベエは左右の平均がとれていて、ちょうど真ん中というイメージがあるからなのかもしれません。

平均は、簡単に計算できて、雑多な数字の羅列を平均値にするとイメージしやすくなるため、使い勝手がいいものです。ただし、この平均には注意が必要です！

なぜなら、例えば「うちの平均賃金は時給2000円以上ですよ」と聞くと、「おっ、高いじゃん」と多くの人が思うからです。そして、雇われてみて、すずめの涙ほどの時給にがく然とするわけです。「このヤロー、だましやがって」と怒っても、採用する側はだましているわけではありません。平均賃金は本当に時給2000円なのですから。

なぜ、こういうことが起こるのか。それは、「平均」という言葉に勝手なイメージがある

図１　平均値のヒミツ

タヌキ社	
チーフ	5000円
サブチーフ	2000円
アルバイト	700円
アルバイト	700円
アルバイト	700円
平均賃金	1820円
中央値	700円

キツネ社	
監督主任	6900円
アルバイト	550円
アルバイト	550円
アルバイト	550円
アルバイト	550円
平均賃金	1820円
中央値	550円

図２　中央値のカラクリ

21　383　259　42　138

という数字があるとする。これを並べかえて

21　42　138　259　383

中央値

平均値：（21＋42＋138＋259＋383）÷５＝160.6

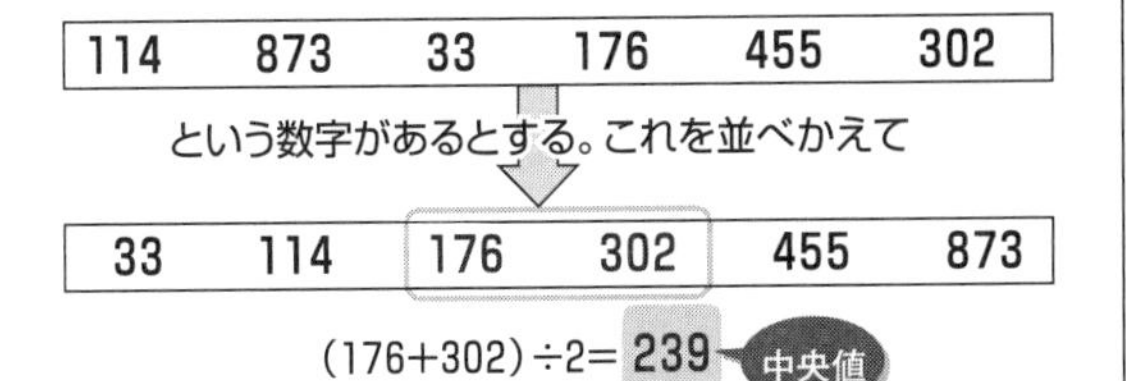

平均値：（33＋114＋176＋302＋455＋873）÷６＝325.5

からです。平均とは、平均の値あたりにだいたいの人が当てはまる数値だとは、必ずしも意味していないのです。

【図1】にあるように、タヌキ社もキツネ社も平均賃金は同じですが、アルバイト代は違うのです。これを見てわかるように、平均値は大きな数値に簡単に左右されてしまうのです。だから、平均値がもっとも代表的な数字だという思い込みを捨てる必要があります。

では、実態を知るためにはどの数字を見ればいいのでしょうか。それは「中央値」です。中央値とは簡単にいえば、「並んでいる数字の中央にある値」のこと。【図2】を見て確認してみましょう。

いずれにせよ、すべての数字を見せることなく、平均の数値ばかりを強調しているようでしたら、相手にはだます意図がある、と考えていいかもしれません。

メロン、大きめ1個と小さめ2個、得なのは意外にも……

メロン1個1000円。そして、それよりもやや小さめのメロン2個で1200円。どちらを選びますか？

もちろん、おいしさが命だから、食べてみなければどちらが得かわかりません。しかし、量だけを考えるなら、いったいどちらを買うほうがお得か、考えられます。

じっくり考えても、メロン2個のほうがやはり量的には多いように思えるのかもしれません。しかし、数学アタマで考えると答えは変わります。

これらのメロンが完全な球体だと仮定して計算します。

大きめのメロンの半径を11㎝、小さめのメロンの半径を8㎝として、球体の体積を求めます。公式は、【式】のとおりです。

この公式に当てはめて計算してみたのが【図1】です。

結果にははっきり出たように、大きめのメロンのほうが圧倒的に量が多いのです。小さめのメロン2個をはるかに超える体積があります。

このように、半径が少し違うだけでも、体積となると、かなり違ってきます。これは、体積が半径を3乗して求めるものだからです。このことを頭に入れておかないと、メロンやスイカを買うときに、損することがあります。

では、形が複雑な「白菜」などをはかるにはどうすればいいでしょうか。どちらの体積が大きいかという比較を知りたいだけなら、簡単な方法があります。

【図2】のように、水を張った容器に静かに入れて、あふれた水かさを比較すればいいのです。しかし、この方法は買う前にはもちろんできません。

【式】　$V=\frac{4}{3}\pi r^3$
（Vは体積、rは半径）

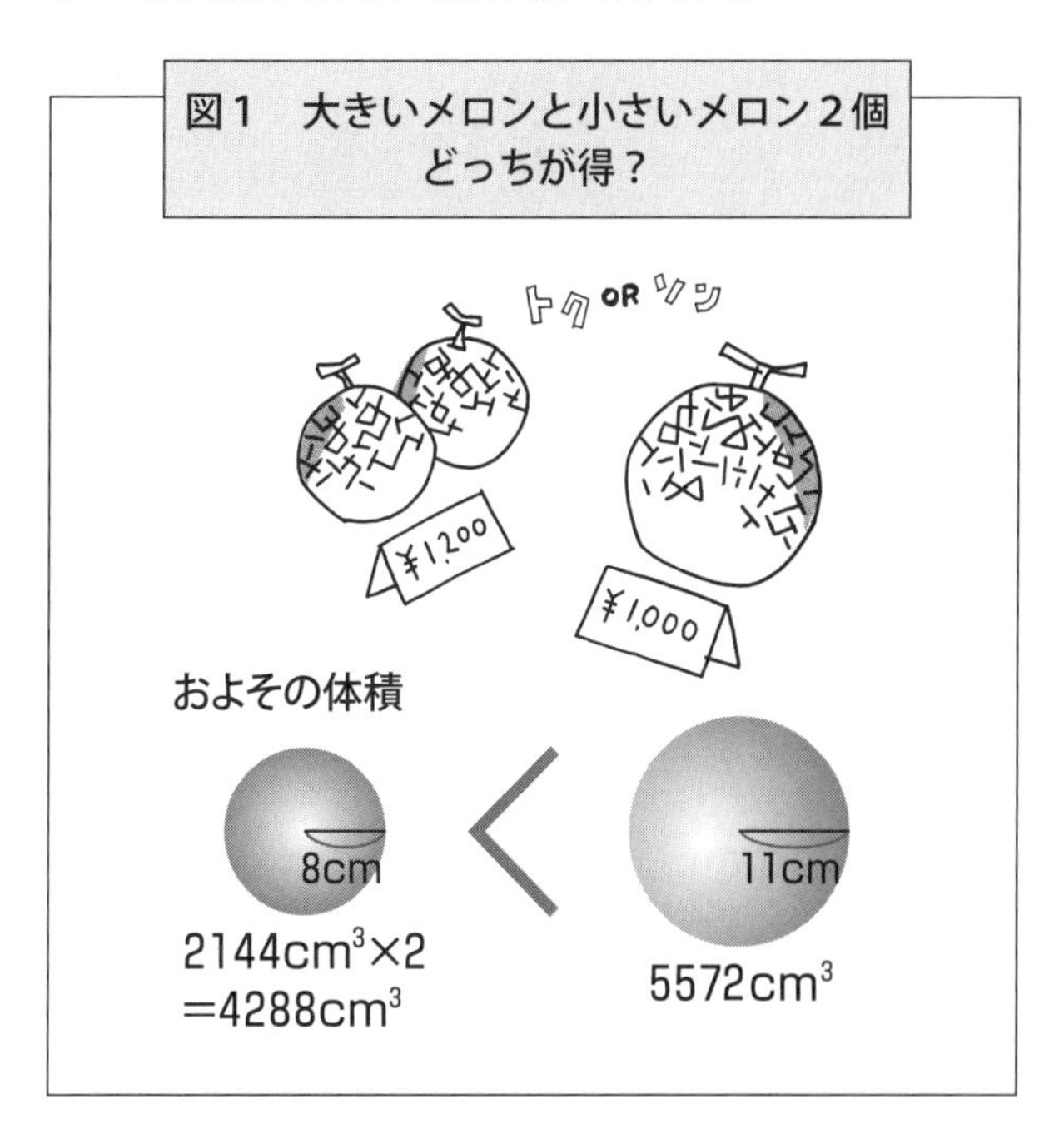

図1　大きいメロンと小さいメロン2個
どっちが得？

図2　複雑な形をはかりたいとき

「1個おまけ」と「1割引き」得なのは、結局、どっち？

果物屋の店先には、ざるに入ったさまざまな果物が「ひと山いくら」で売られていたりします。季節ごとにりんご、みかん、なし、かき……と、どれもおいしそうです。

さて、果物は新鮮さが命ですから、店の人にとっては、なるべくその日のうちに売り切ってしまいたいでしょう。客のほうもそれは心得たもので、店が閉まる頃に出かけていって、店の人と値引き交渉が始まるというわけです。

さて、こんなとき、1個おまけしてもらうのと、1割引きにしてもらうのとでは、客にとってはどちらが得になるでしょうか（【図】）。

ひと山が900円で、8個のときを考えてみましょう。

「1個おまけ」（8＋1）してもらうとすると、1個あたり100円となります（【式1】）。「1割引き」（90円）とすると、【式2】となるため、1個あたり約101円となります。結

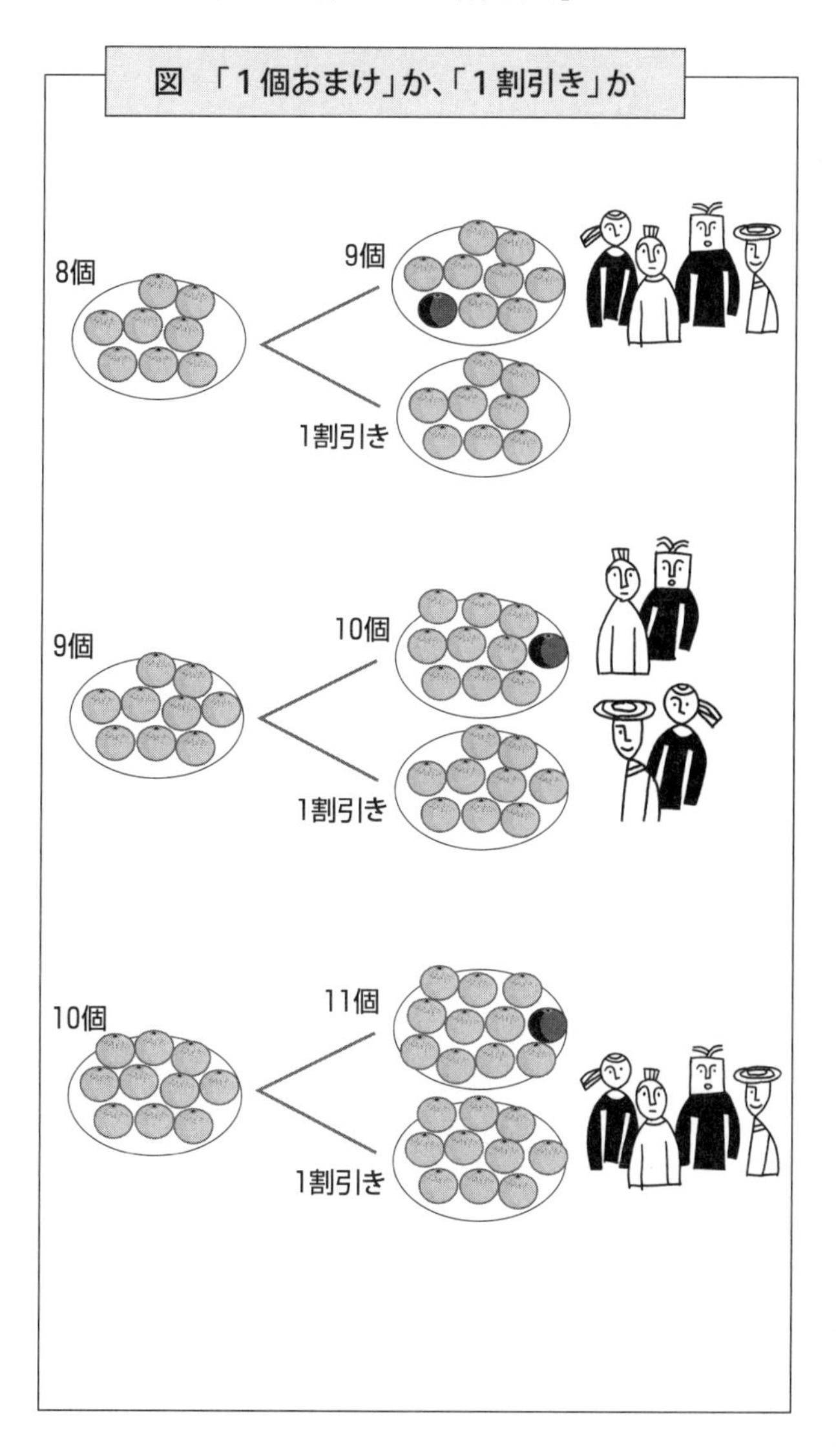
図　「1個おまけ」か、「1割引き」か
8個
9個
1割引き
9個
10個
1割引き
10個
11個
1割引き

果、1個おまけのほうが得だとわかります。

同じように、ひと山900円で10個のときはどうでしょうか。

「1個おまけ」のときは1個あたり約82円（【式3】）、「1割引き」のときは1個あたり81円（【式4】）となり、今度は1割引きが得だとわかります。


損得の境目になる個数を計算して考えてみましょう。ひと山A円で個数をxとすると、【式5】が成立します。

このxは9です。つまり、ひと山9個のとき、「1個おまけ」と「1割引き」が客にとって損も得もなく同程度ということになるわけです。9個より個数が少ないと「1個おまけ」のほうが得で、多いと「1割引き」のほうが得となるのです。

【式1】　900÷9＝100円（1個あたり）

【式2】　900－90＝810

810÷8≒101円（1個あたり）

【式3】　900÷11＝81.8181……円（1個あたり）

【式4】　810÷10＝81円（1個あたり）

【式5】　$\frac{A}{x+1}=\frac{0.9A}{x}$

「お金が年に〇〇円増える」を数学アタマで考えないと損をする

今年、大学生になった双子の兄弟に親は次のようにいいました。

「今年1年のこづかいは24万円とし、半年ごとに支払うことにしよう。こづかいのアップだが、年に3万円上がる（①）のと、半年ごとに1万円上がる（②）のと好きなほうを選んでいい」

兄は前者の条件である①を選び、弟は後者の条件である②を選びました。さぁ、4年後、どちらが得したでしょうか。

一見、①の条件のほうが有利そうです。なぜなら、②は年に2万円のアップと同じではないか、と。しかし、答えは後者の②が得だったのです。【図1】のように並べて考えれば、一目瞭然です！

もうひとつ、お金で得する計算を紹介します。

「複利計算」という言葉を多くの人は知っていると思います。複利計算とは、例えば、年利2％なら1年目は元金が「1・02倍」に、2年目は「1・02の2乗」というようになるわけです。

では10年後は？　となったら、もう「めんどうくさくて計算したくない」という人も多いでしょう。

そんな人のために、何％で運用すれば何年で2倍になるのかを簡単に算出する方法があります。これは「72の法則」を使います（【図2】）。

この法則は、「年利6％であれば、【式1】のようになり、12年間でお金が2倍になる」というようにして使います。

もちろん、自分の資産運用ばかりではなく、その逆、借金のときにも活用できます。つまり、年利15％でお金を借りたら、【式2】となり、5年にならないうちに元金が倍になるということなのです。

【式1】　72÷6＝12

【式2】　72÷15＝4.8

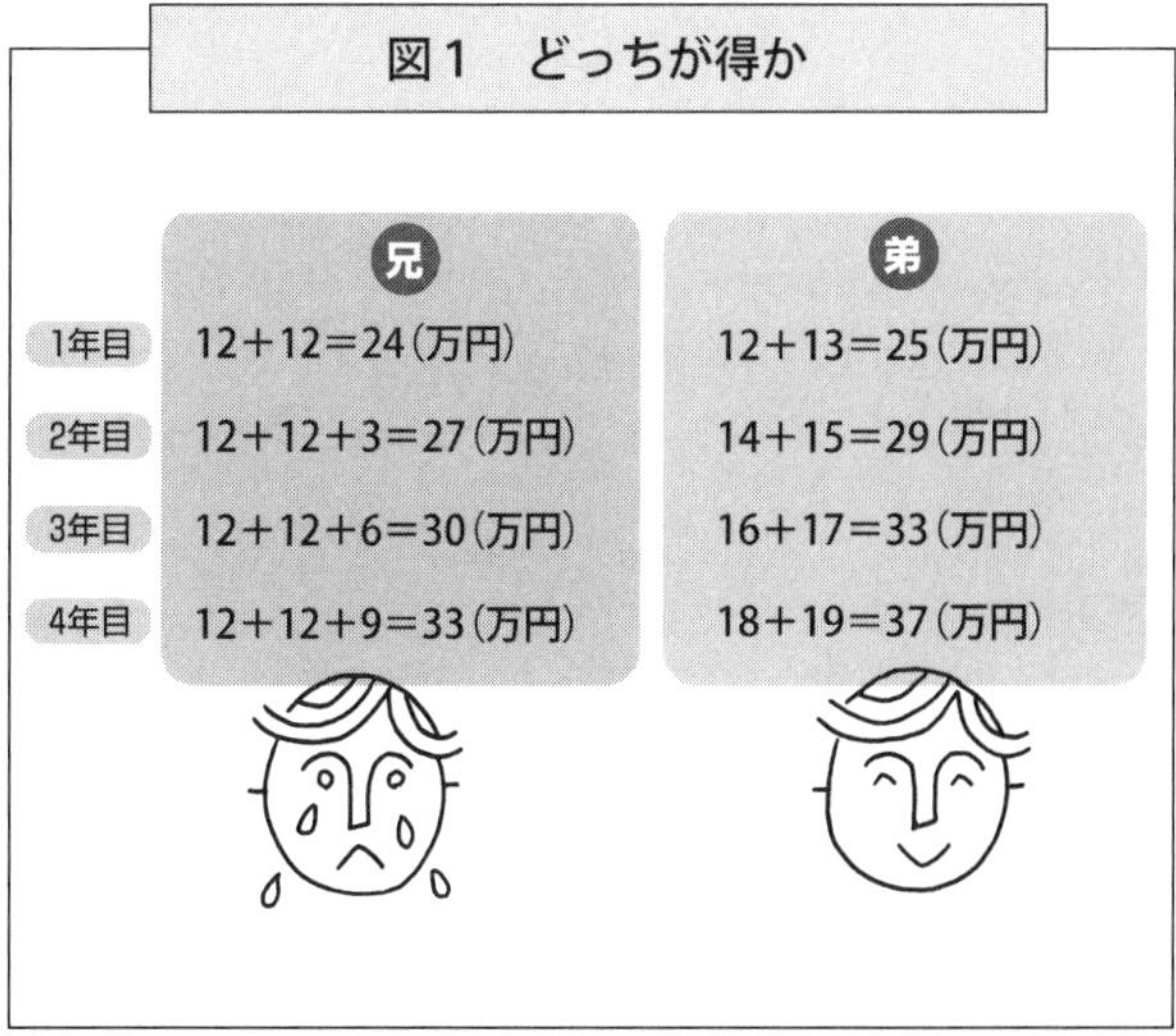
図1　どっちが得か
兄
弟
1年目
12＋12＝24（万円）
12＋13＝25（万円）
2年目
12＋12＋3＝27（万円）
14＋15＝29（万円）
3年目
12＋12＋6＝30（万円）
16＋17＝33（万円）
4年目
12＋12＋9＝33（万円）
18＋19＝37（万円）

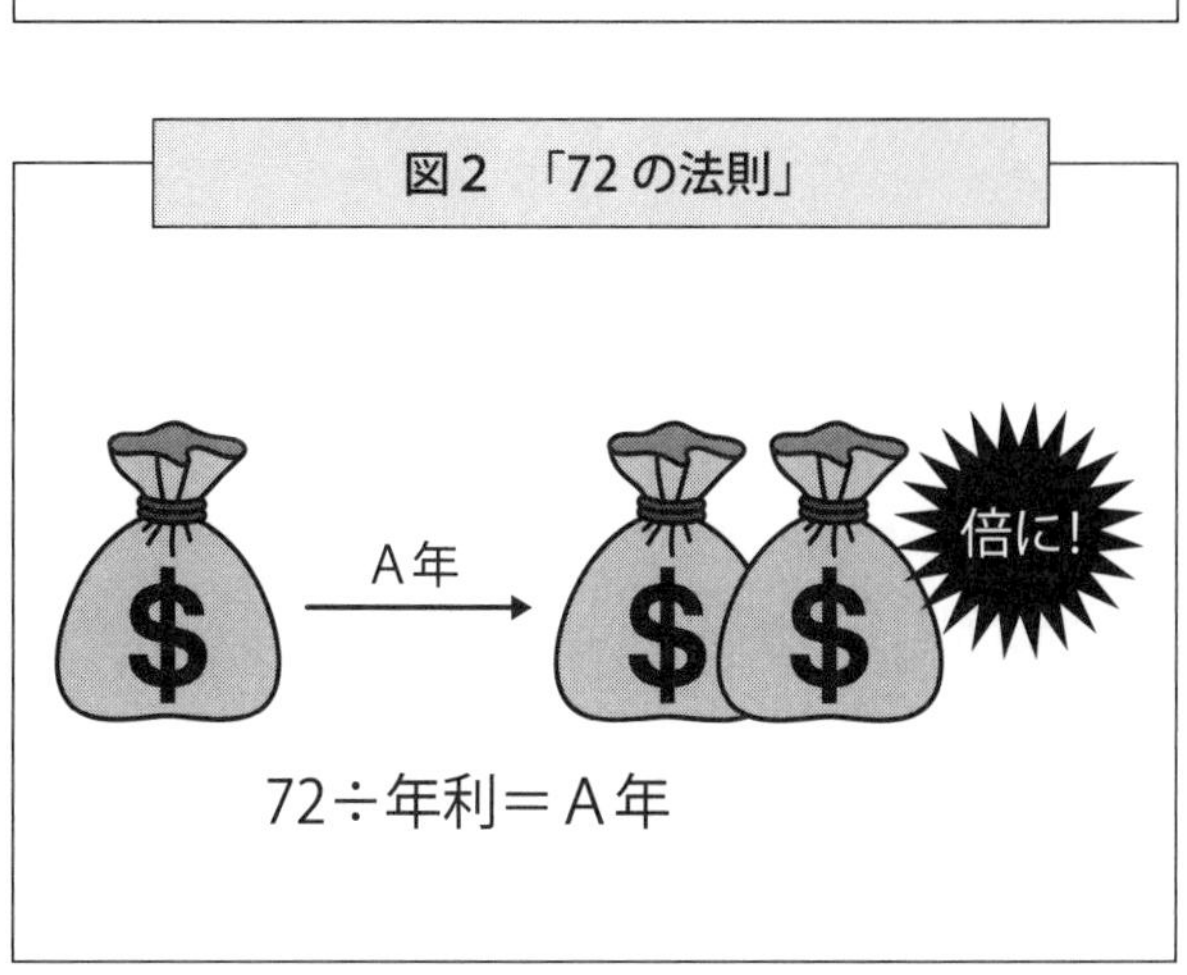
図2　「72の法則」
A年
倍に！
72÷年利＝A年

盲点!?「小数点以下の金額を四捨五入」でいくら儲かるか

わたしたちは端数をきりのいい数字にしたいとき「四捨五入」という方法を使います。例えば、円周率π＝3・14……を計算するときは、小数点1桁を四捨五入して約3としたり、マラソンの距離42・195㎞も、約42㎞といったりします。

さて、ある店で1円以下を四捨五入して、定価をつけていたとします。つまり、1円から4円のそれぞれの品物は各0円、5円から10円のそれぞれの品物は各10円で売っていたとします（【図】）。

この店は得をしているのでしょうか、損をしているのでしょうか。

四捨五入をしないで各1品売った場合、品物の合計代金は55円となります（【式1】）。四捨五入して各1品売った場合、品物の合計は60円となります（【式2】）。

つまり、この店は、四捨五入して10品売った場合、5円の得となることがわかります。

図　きちんと計算しよう

【式1】

1円 2円 3円 4円 5円 6円 7円 8円 9円 10円＝ 55円

【式2】

四捨五入

0円 0円 0円 0円 10円 10円 10円 10円 10円 10円＝ 60円

【式3】

四捨六入

0円 0円 0円 0円 5円 10円 10円 10円 10円 10円

では、四捨五入ではなく、「四捨六入」するとどうなるのか考えてみましょう。

1から4円のそれぞれの品物は各0円、5円はそのまま5円、6から10円のそれぞれの品物は各10円で売ることになります。つまり、10品で合計55円となり、ふつうに売った場合と同じ金額ということがわかります（【式3】）。店も客も損得がないわけです。

このことから、四捨五入は公平ではないということが明らかとなりました。

10品で5円の得ということは、1品あたり0・5円だからたいした儲けじゃないと考えた人もいるのではないでしょうか。これが例えば、1万品になったら5000円の儲けになり、10万品で5万円にもなるのです。

ただし、リスクが大きいため、これを利用する商人はいないでしょう。

商品の値段を上げるだけで売り上げUP⁉

人を納得させるには、具体的な数字を示せばいいといいます。多くの人はあやふやな言葉より、数字を信頼する傾向にあるようです。しかも、口でいうだけでなくグラフなどにして見せてやれば、より信用します。

会社というものは、常に昨年より多くの売上高を願っています。もちろん、それに利益がともなって上がることも条件ですが……。

ところが、売上高はそんなに増えるものではありません。そんなときでも、売上高は簡単に増やすことができます。どうするか。商品の値上げをすればいいのです。

そんなの当たり前だ！　と思うでしょうか。しかし、この数字マジックは当たり前のことでありながら、売上高グラフを作成してみると、強烈なインパクトをもたらす結果になるのです。

例えばマルチ口紅という商品が１０００円だったとします。この価格を15％値上げすると１１５０円となります。これだけで、当然ながら売上高15％のアップとなります。

しかし、値上げしたため、売上数量が10％ダウンしたとしても、【式】のように計算されるため、まだ売上高は３・５％のアップとなるわけです。

仕上げはここからです。

売上高のグラフを作成する際、％の目盛りを大きくとっておくのがコツ。こうすると、さらに売上高が大きく伸びたような印象を与えられます。「成長している企業」というイメージを持たせることができるのです。

【式】　0.9×1.15＝1.035

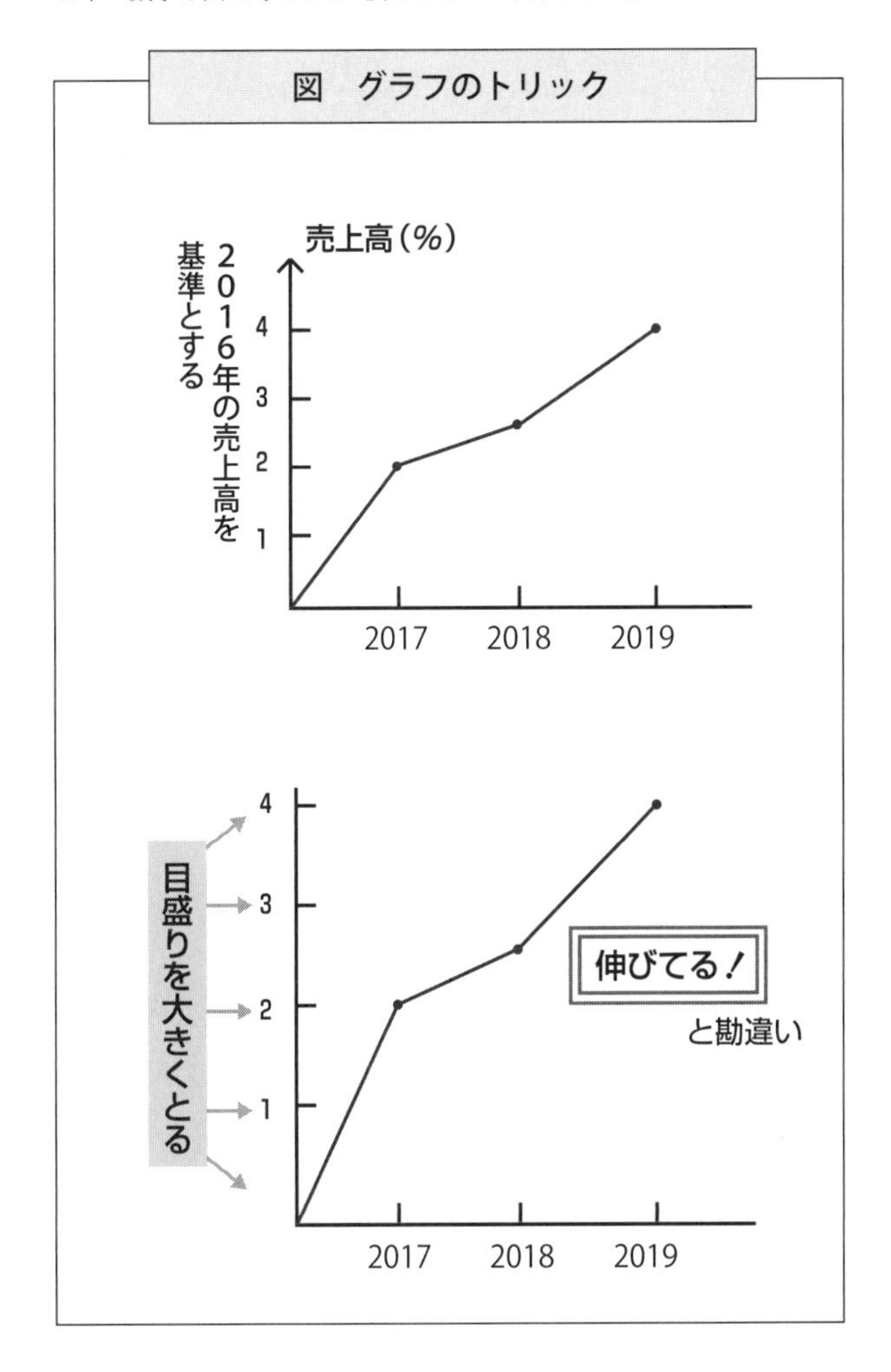
図　グラフのトリック
売上高（%）
2016年の売上高を基準とする
4
3
2
1
2017
2018
2019
目盛りを大きくとる
4
3
2
1
伸びてる！
と勘違い
2017
2018
2019

「借金は計画的に」しないと、本当に怖いワケ

ＴＶのＣＭを見ていると、消費者金融がスポンサーになっているものが流れています。見ている者に気軽に「借りようかな」という気を起こさせるようです。

でもご用心。「ご利用は計画的に」しないと、気づいたときにはとんでもない状況に陥っているかもしれません。

ここで、金利年15％でお金を借りた場合、どのくらいの利息を支払わなければならないのか、計算してみましょう。

ミエさんは2泊3日で韓国旅行することにしたのですが、給料日まであと10日あり、手元に資金がありません。

そこで、10日後に必ず返す心積もりで5万円を借りました。この場合の利息は、【式1】となりますので、約２０５円となり、楽に返せることになります。

では、車が欲しくて400万円を金利年15%、返済を5年で、「元利均等返済」（利息と元金を調整して一定額で返済する方式）で借りたシンスケ君。

彼の毎月の返済額はどのくらいになるのでしょうか。借入金をa円、月利をr、返済回数をnとすると、【式2】のようになります。

いくらになるかは【図】の例を見てビックリです！　なんと、元金400万円借りた借金の利息が5年で約376万円にもふくれ上がっていたのです。

こうならないためにも「ご利用は計画的に」。

【式1】

$$\frac{\text{借りた金額}\times\text{年利}}{365(\text{日})}\times\text{借りた期間}$$

$$\frac{50000\times0.15}{365}\times10=205.479\cdots\cdots(\text{円})$$

図　借金は雪だるま式に増える！

借入金 a円、月利 r、返済回数 n とすると

$$毎月の返済額=\frac{(1+r)^n ar}{(1+r)^n-1} \quad 【式2】$$

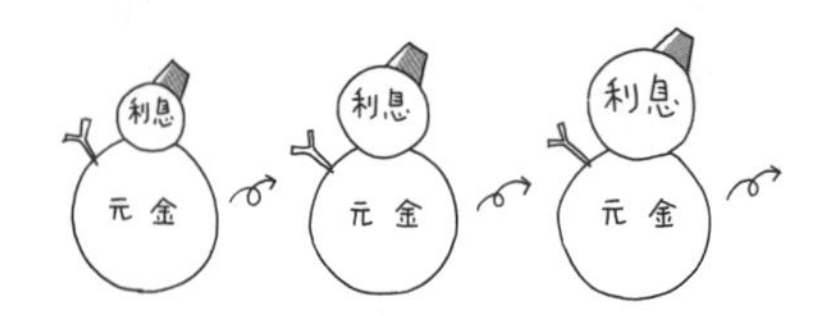

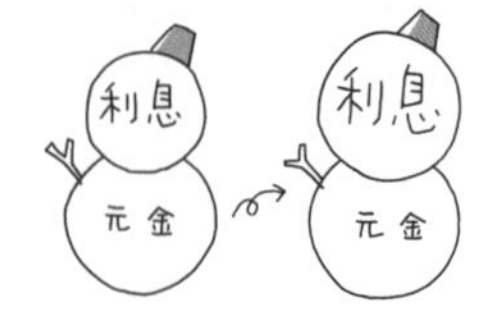

気がついたら、
元金より利息の
方が多く…

例　a=400万円
月利=0.15÷12=0.0125
n=60　とすると
毎月の返済額＝約95159円
したがって5年間で
95159×60＝5709540円
返すことになり、
利息はなんと、

「負けたら次は倍額賭ける」ギャンブルをした結果とは

ギャンブルに負けたら賭け金は取られますが、勝った場合は2倍で返ってくるというルールの「丁半ばくち」があったとします。このばくちにヤミツキになったマサル君。しかし、今日も戦績はかんばしくないようです。

これを見ていた友達のサトル君が次のようにアドバイスしました。

「まず最初は1万円だけ賭ける。1万円の金額はその人のふところ次第だ。勝ったら同じように、また1万円賭ける。問題は負けたときだ。負けたら、2倍の2万円を賭ける。それも負けたらまた2倍の4万円を賭ける。こうして賭けていけば、絶対負けないぜ」

このギャンブル必勝法は「賭金倍増法」と呼ばれているらしいのですが、本当にマサル君は勝てるのでしょうか。

確かに、このように賭けていけば、負けたとしてもその後に勝てば掛け金を取り戻すことができるため、何回目に勝とうが1万円だけ儲かることになります。

例えば、5回続けて負ければ31万円の負けですが、6回目に勝てば32万円の儲けですから、トータル1万円の儲けとなります。これは本当に必勝法でしょうか!?


仮に、マサル君の資金が10万円だとしましょう。

そして、先ほどの1万円をたった100円として考えましょう。9回負け続けると（0・195……％の確率なので、これはもうホラーでしかありません）、【図】からわかるように、5万1100円負けたことになります。で、10回目の賭け金は5万1200円必要となります。

ということは、10万円しか資金がなかったら、10回目の勝負はしたくてもできないわけです。つまり、マサル君は負けることになります。

しかも勝ったときには、たったの100円の儲け！　これでは必勝法とはいえないでしょう。

図　賭金倍増法の倍率

負け続けたときの賭金

回	賭金
1回目	1
2回目	2
3回目	4
4回目	8
5回目	16
6回目	32
7回目	64
8回目	128
9回目	256
10回目	512
11回目	1024

1＋2＋4＋8＋16＝31
トータル31の負け

1＋2＋…＋128＋256＝511
トータル511の負け

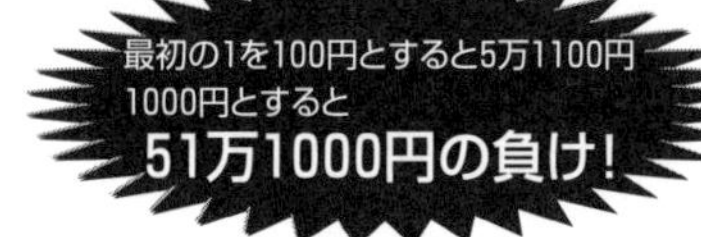

「4桁の数字を選ぶ宝くじ」ナンバーズの必勝法とは

少子高齢化や新型コロナの被害もあり、先行きが不安定な日本経済。それもあってか、「こづかいが少なくて」と嘆く社会人諸氏が多くなってきました。

月1万円のこづかいだけでやりくりをしているサトル君は、今日も一攫千金を夢見て宝くじの「ナンバーズ」（数桁の数字とその並び方によって当選が決まる宝くじ）を買っています。

予想が載っている週刊誌を買ったり、いろいろなWebサイトをのぞいたりして研究に余念がないのですが、はたしてナンバーズに必勝法はあるのでしょうか。数学的に考えてみましょう。

ナンバーズ4ストレート（4桁のナンバーズ）の理論値はどのくらいなのでしょうか。

まず、賞金総額は発売総額の45％と決められています。目の出方の総数は、10の4乗通り

（１万通り）です。１口２００円のため、当選金の理論値は【式】となり、90万円ということがわかります。

さて、理論値は90万円なのですが、ある場合は80万円、ある場合は１００万円と、当選金にかなりばらつきがあります。

これは当たり前で、多くの人が買った数字が当たりなら、当選金は下がります。ここからわかるのは、なるべく人が選ばない数字を買ったほうが得だというわけです。

また、例えば、前回の当たり数字が「２４７１」だとして、今回「２４７１」が出る確率と、他の数字が出る確率は同じです。

ちなみに、前回の当選番号がすべて違う数字だとして、今回その中の数字の少なくとも１つが出る確率は約87%もあるのです（【図】）。

【式】　$200 \times 10000 \times 0.45 = 900000$

図　ナンバーズの当選の確率

❶ 前回の当たり数字「２４７１」

２４７１

２４７１以外の数字

❷ 出にくそうな数字「７７７７」

７７７７

３５４９などバラバラな数字

すべて一致する確率は $\frac{1}{10} \times \frac{1}{10} \times \frac{1}{10} \times \frac{1}{10} = \frac{1}{1000}$

前回出た数字の少なくとも1つが今回　出る確率

$1 - \frac{6}{10} \times \frac{6}{10} \times \frac{6}{10} \times \frac{6}{10} = 0.8704$

乗り合いタクシーを正しく清算できる？

何人かで一緒に飲み食いして、代金を均等に分割して勘定することを「ワリカン」といいます。このときは、みんな満腹で機嫌もいいので、誰がどれだけ飲み食いしたとか細かいことはいい出しません。

そして、タクシーの相乗りで帰る頃になると、財布の中身も寂しくなって、タクシー料金が気にかかり始めます。いちばん遠くまで乗る人がとりあえず立て替えておいて、後日に頭割りで清算しても、何となく均等でないような気分になるものです。

確かに、このワリカン方式では、遠くまで乗っていた人が得をして、近場の人が損をしていることになります。では、タクシーのワリカンの公平な方法はあるのでしょうか？

例えば、A、B、Cの3人でタクシーに乗り、料金が9000円だったとします。A、B、Cの乗った距離の比率が3：2：1だったとした場合、乗った距離に見合った額を払うなら、Aは4500円、Bは3000円、Cは1500円でいいことになります（【式】）。

しかし、よく考えてみると、Cが降りる距離までは3人で乗ったのですから、最初の1500円はワリカンで500円ずつにすべきです。

そこから次の地点までの3000円はAとBの2人のワリカンで1500円ずつとなります。そして、最後の地点までの4500円は当たり前ですがA1人の負担となります（【図】）。

ただし、こうした細かい計算をすると、「せこい」と陰口を叩かれるかもしれません。

図　細かい計算をすると……

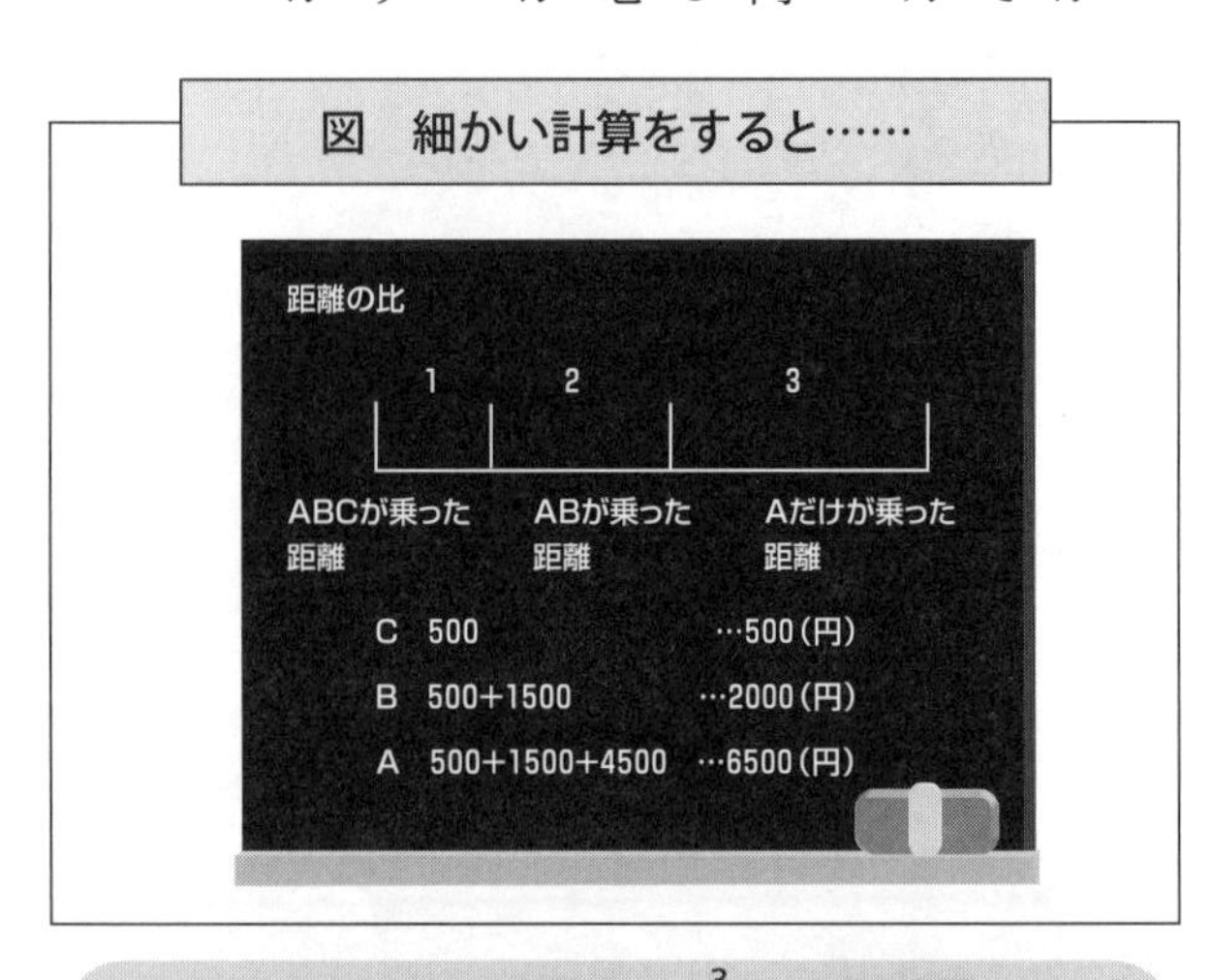

【式】

A：$9000 \times \frac{3}{6} = 4500$円

B：$9000 \times \frac{2}{6} = 3000$円

C：$9000 \times \frac{1}{6} = 1500$円

「大さじ、小さじって実際、何グラム？」気になる人のための一覧

ここは特に計算をするとか、数学的な考え方をするとかではありませんが、日常生活において、覚えておいて絶対に損をしない量について紹介します。

料理は、材料をどのくらい使うかによって、味が大きく違ってきます。すなわち、料理をする人が計量オンチでは、おいしい料理は望めないということになります。

デパートでは料理用のいろんな計量カップが売られていますが、それを買わなくても、正確にはかることは可能です。

例えば、１００㎖のドリンク剤の空きビン、１０００㎖（＝１ℓ）の牛乳パックなど、容量が記載されているものはそのままはかりとして使えるでしょう。

料理本のレシピには、小さな分量の目安として、大さじとか小さじ何杯と書かれています。でもこの量って、どれくらいなのでしょう。料理を始めたばかりの人には、なかなか

図　大さじ1杯のグラム数

ハチミツ	22グラム
味噌	18グラム
みりん	18グラム
醤油	18グラム
ケチャップ	18グラム
トマトピューレ	16グラム
水	15グラム
酢	15グラム
酒	15グラム
生クリーム	14グラム
バター	13グラム
ラード	13グラム
油	13グラム
塩	12グラム
ザラメ	12グラム
片栗粉	11グラム
重曹	11グラム
砂糖	10グラム
ゴマ	10グラム
小麦粉	8グラム
粉ゼラチン	8グラム
カレー粉	7グラム
ココア	6グラム
コーヒー	6グラム
パン粉	6グラム
紅茶葉	5グラム
番茶	4グラム
おろしチーズ	3グラム

わからないものです。

大さじ1杯とはすりきりで約15g、小さじ1杯とはすりきりで約5gということです。ならば小さじのスプーン1本あれば、小さじ3回分入れればいいので、大さじは必要ないということになります。

ただし、このグラム数は水のような液体の場合で、ソースなどの重いものは大さじ1杯で約20g、粉状のものは大さじ1杯で約10gになります。

よく使う調味料や素材の大さじ1杯のグラム数を一覧にしましたので、参考にしてください（【図】）。

3章　数学で考えると「計算をパッと答えられる」

恋愛より簡単？　２人が出会えるまでの計算法

恋人同士の家の距離は９㎞。電話で話し合って、お互いに向かい合って出発することにしました。男性は自転車、女性は歩き。自転車は時速にすると約20㎞、彼女が歩く速さはだいたい時速５㎞です。２人は何分後に出会えるのでしょうか。

こういう問題は、何だかめんどうくさい計算が必要な印象を与えます。ところが、簡単な足し算と割り算だけで解けてしまうのです。少なくとも、恋愛より難しくないことは確かです。お互いの距離は９㎞ですが、これは毎分、縮んでいきます。どのくらい縮むかというと、男の分速と女の分速の分だけ縮むことになります。男性と女性の1分で進む距離は、【式】のようになります。

ということは、この分速を足した数、約４１６ｍが毎分縮んでいく距離になります。

そこで、２人の距離が0になったときに出会うのですから、２人の最初の距離を毎分縮ん

【式】　男性の速さ：20000（m）÷60（分）から、約分速333m

女性の速さ：5000（m）÷60（分）から、約分速83m

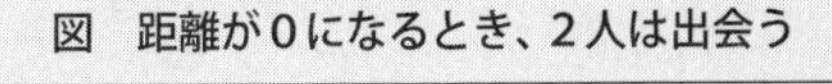
図　距離が０になるとき、２人は出会う

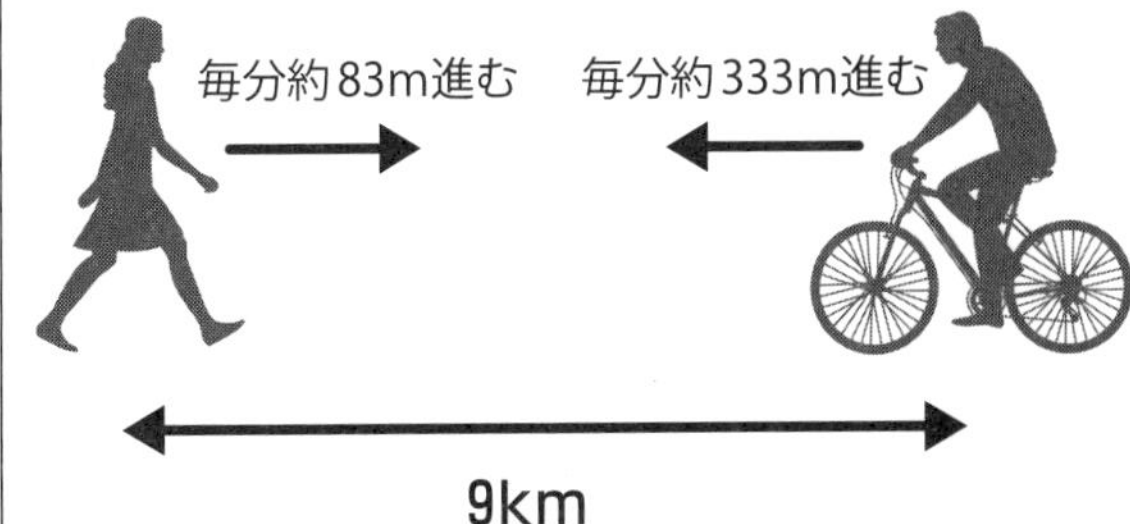

つまり…　毎分約416m縮む

だから…　9000÷416=21.634

で…　約22分後に出会える

でいく距離で割れば、それが何分後なのか割り出されます。

　つまり、約22分後に2人はめでたく出会えるわけです。

　だがしかし、これはあくまで計算上のこと。恋する2人はもっと早くに出会えるでしょう。なぜって、お互いの姿が目で確認できる場所まできたら、男はめちゃくちゃペダルを踏むし、女は走り出すでしょうから。

78×4、663842÷25……、複雑な計算をパッと解答

例えば、99×56を素早く計算する必要があったとき、律義にメモとペンを取り出して筆算したり、スマホの電卓アプリで計算しようと思ったらスマホはバッグの中だったりして……。そんなことをしていては時間がかかって仕方がありません。

そこで、さまざまな場面で使える「速算のコツ」を紹介します。

99は100みたいなものだから、【図　速算のコツ①】のようにして簡単に計算できます。

次に、1298＋404という足し算についても、パッと手っ取り早く計算する方法があります（【図　速算のコツ②】）。

このように数字を簡単にしてしまえば、計算も簡単にできるのです。

では、25×16はどんなふうに単純化できるでしょうか。25は5×5に、16は4×4に置き換えることができます。5×5×16ともできますが、5×5×4×4としたほうがもっ

と簡単に計算できます（【図　速算のコツ③】）。20×20なら、電卓のキーを押す前に答えを出せます。

78×4も単純化できます。78×2×2ではありません。80×4として、その答えから8を引けばいいのです。

桁数が多くてめんどうそうな計算はどうでしょうか。例えば、663842×5という計算です。問題を見ただけで「ウッ」と数学アレルギーが出てくるかもしれませんが、それも今日まで。5ではなく、10倍してから、あとで2で割ればいいのです（【式1】）。

最後に、663842×25のように、25倍のときもサクッと答えが出ます。25倍ではなく100倍にしてあとで4で割ればいいのです（【式2】）。

これらの計算のコツは、掛け算だけでなく、割り算でも使えます。25で割るときは100で割り算してから、あとで4倍し、5で割るときは割られる数を2倍してから、あとで10で割ればいいのです。

【式1】

$$
\begin{aligned}
663842\times 5 &= 663842\times(10\div 2)\\
&= 6638420\div 2\\
&= 3319210
\end{aligned}
$$

【式2】

$$
\begin{aligned}
663842\times 25 &= 663842\times(100\div 4)\\
&= 66384200\div 4\\
&= 16596050
\end{aligned}
$$

14×17、13×19……、「2桁×2桁」をパパッと計算するコツ

電卓はこの上なく便利です。あまりに便利すぎて、電卓がないと、現代人は簡単な掛け算にも手こずるようになりました。ですから、最近はスマホにも電卓機能がついています。

例えば、【図1　ふつうの計算】の掛け算の筆算は、一般的なやり方です。似たような2桁の計算をいくつもやらなければならないとなったら、これはたいへん。そこで、簡単な速算法を紹介します。どちらの数字も10から20までの場合の掛け算に有効な方法です（【図1】）。

それほど速い計算に思えないかもしれませんが、自分でいくつかの計算をこの手順でやってみると、電卓でキーを押すより速いと実感できるはずです。

次に、掛け算や割り算を暗算でやるとなると、練習が必要でしょう。何か、手っ取り早い方法はないのでしょうか。それがあるのです。

【図2】のように分数にして、約分すると、いかにやりやすいかを実感できるはずです。

図１　速算のコツ

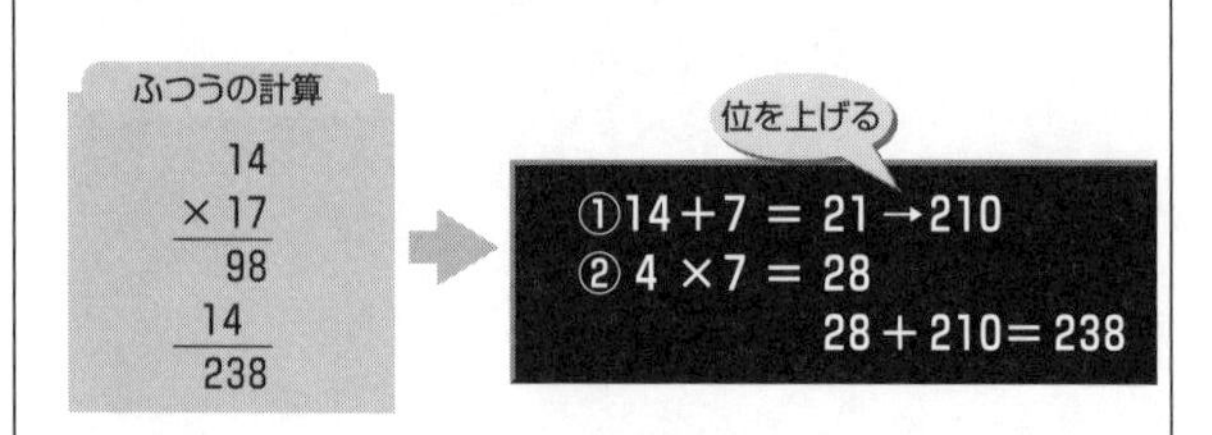

①一方の数字にもう一方の数字の１の位の数を足して、出た数字の位を上げる。

②それぞれの１の位の数を掛けて、①の数字に加える。

図２　分数を使う

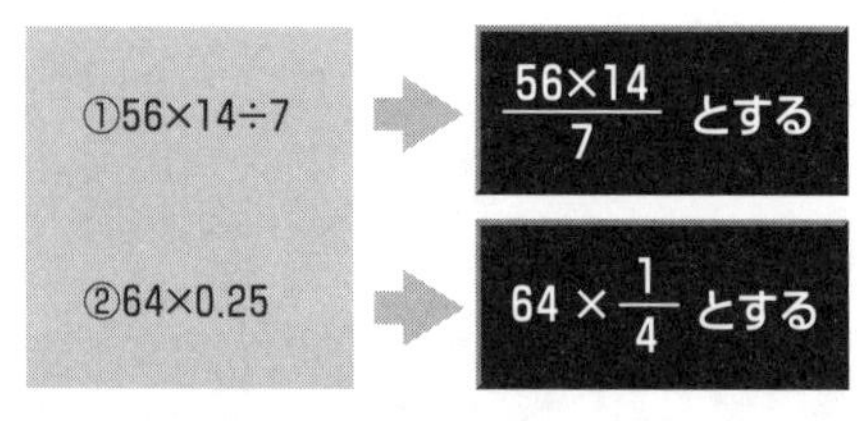

①掛け算と割り算の混じった計算は、分数の計算にする。

②小数点のついた掛け算、割り算はその数字を分数にする。

15×15までの掛け算は指を使ってできる？

本書をお読みの方で「九九」をもう覚えていない人は少ないと思います。それほど、小学校の算数の授業ではしっかり「にさんがろく」とか、「ごっくしじゅうご」と繰り返しやらされたものです。

インドでは20×20（99×99のところもある）まで覚えさせられるといいます。インドの子どもたちに少し同情しますが、これは「九九」といわずに、何というのでしょう……。

それはさておき、実は5×5までを覚えていれば、指を使って15×15までの掛け算ができるのです。これを「指算」といいます。例をあげながら説明していきましょう（【図】）。

また、1桁の数×1桁の数は九九を使えばいいのですから、指算は必要ないでしょう。

したがって、2桁同士の掛け算のときに威力を発揮します。練習して、早くできるようになったらかなり便利ですよ。

図　指算のやり方

7×8の計算の場合

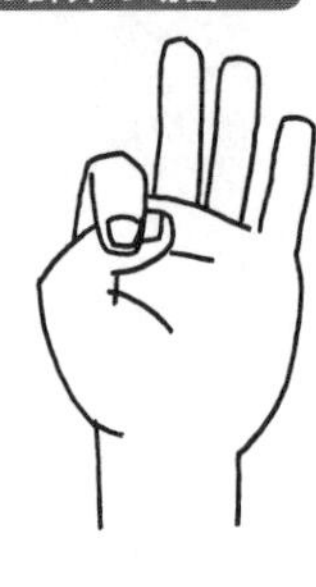

立っている指　3×2=6　→　1の位
折りまげた指　2+3=5　→　10の位
これから　50+6=56

12×14の計算の場合

折りまげた指　2×4=8　→　1の位
折りまげた指　2+4=6　→　10の位
これから　100+60+8=168
（この100という数は10×10から）

三角形や正方形でもない複雑な形の面積を点の数をカウントしてわかる？

四角形や三角形の面積を出す方法は知っていますが、日常で目にするのはもっと複雑な形です。土地の形だって、単純なものはほとんどないといっていいでしょう。

それでは、【図】のような多角形の土地があった場合、どうやって広さの比較をすればいいでしょうか。もちろん、細かく計算することもできますが、それでは時間がかかります。もっと簡単な手抜き計算の方法があるのです。

それには方眼紙を使います。単純に広さの比較だけだったら、自分で等間隔のマス目を引いてもかまいません。これを多角形に当てて、内部の点の数と、周囲の点の数を数えたら、その数値を【式】に当てはめるだけでいいのです。

よって、Ａの面積は３４・５、Ｂの面積は３７・５となり、Ｂのほうが大きいということがわかります。

図　方眼紙で面積を計算する

【式】

多角形の面積＝
　内部の点の数＋（周囲の点の数÷2）－1

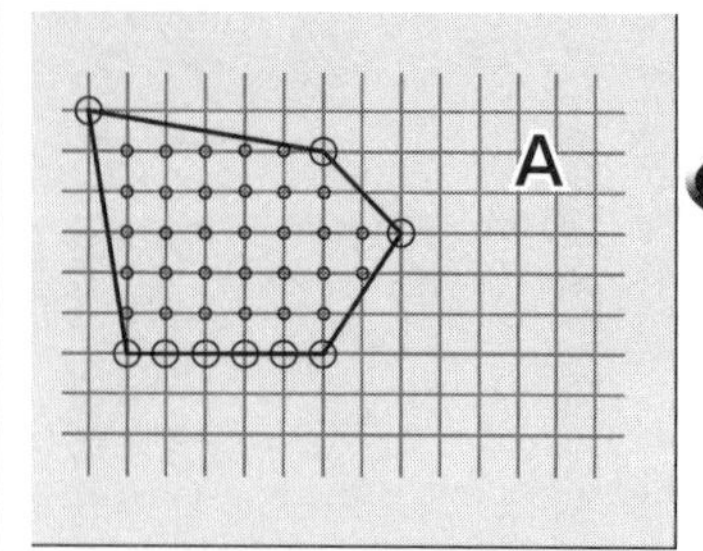

Aの面積
＝31＋（9÷2）－1
＝34.5

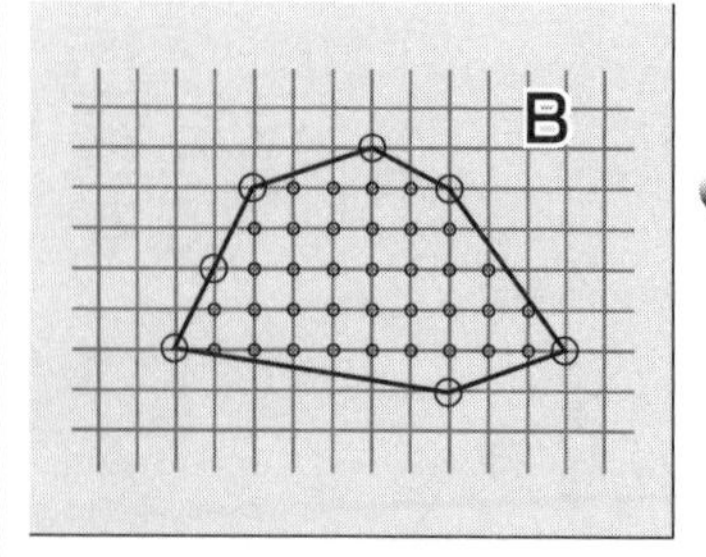

Bの面積
＝35＋（7÷2）－1
＝37.5

ざっくり計算「概数計算」でミスしない方法

「ドンブリ勘定」とは、収支を細かく考えずにお金を出し入れしたり、乱費したりすることをいいます。実生活でこれをやっていると、お金がいくらあっても足りない、ということにもなりかねません。

ところで、計算においては「ドンブリ勘定」のことを「概数計算」と呼んだりすることもあり、これは計算の能率を上げ、ざっくり全体を見るにはいい方法となっています。

概数計算とは、例えば、【図1】のように概数にして演算して、おおよその量をつかむことです。そこで、役立つ概数計算を3つ紹介します。

①おおよその量をつかみたいとき

【図2】のように、概数の桁をそろえて四捨五入するのがポイントとなります。

②おおよその割り合いを知りたいとき

【図3】のように、概数で計算しても、小数点1桁では結果は同じになる場合もあります。

例えば円グラフにするなら、小数点以下の数値を正しくしても、円グラフの正確さに反映させることは難しいし、そこまで必要でなかったりします。

③桁数が大きく、端数に意味がないとき

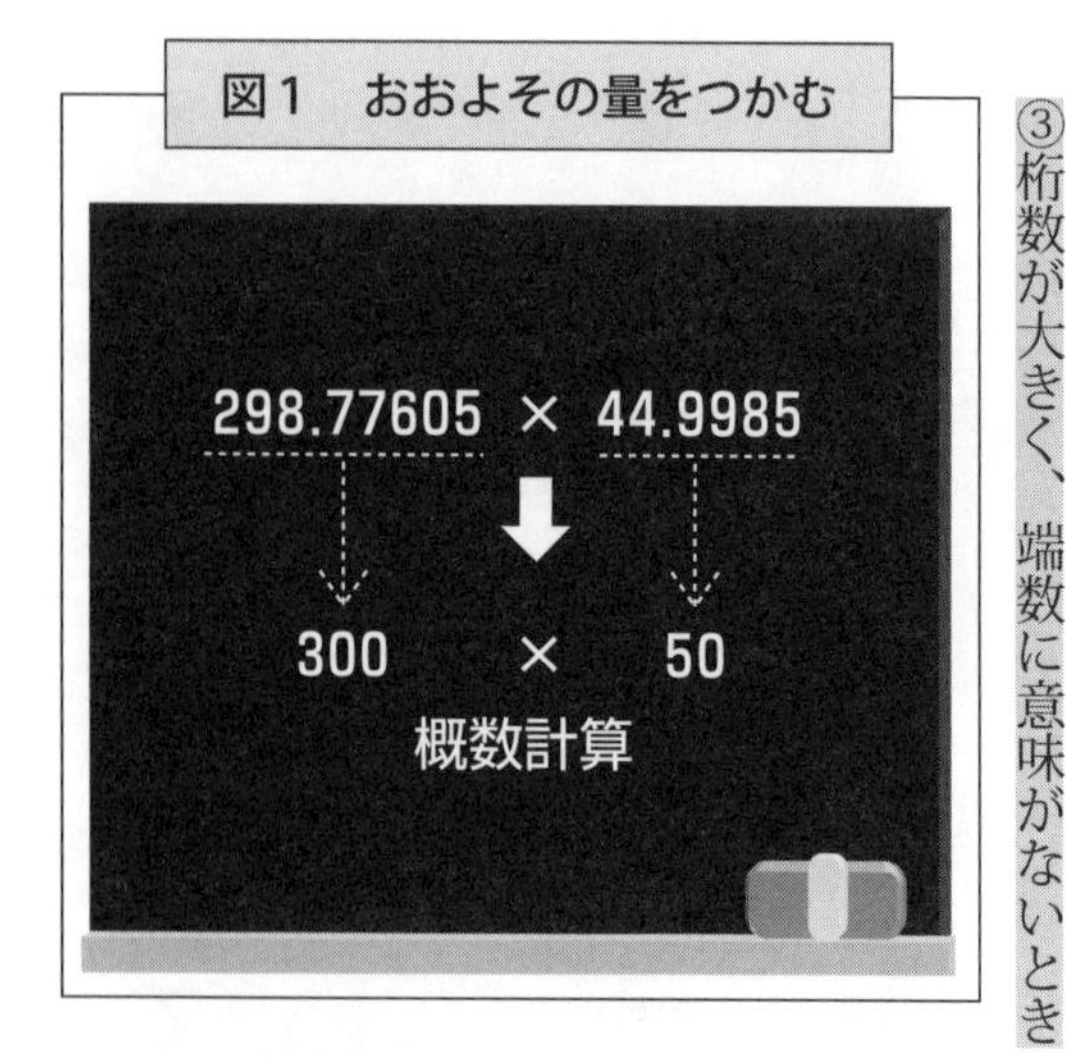

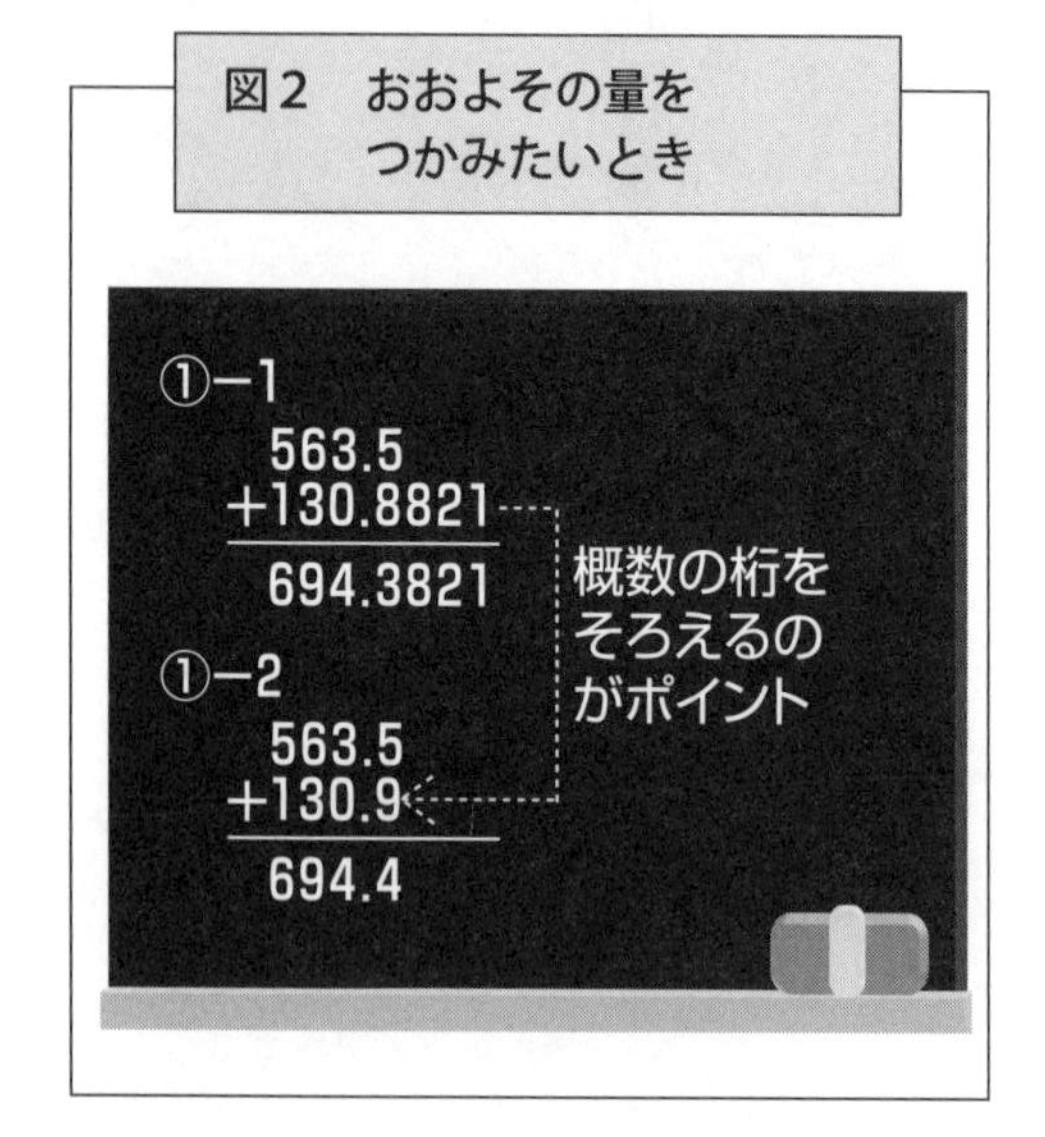

掛け算において、ふつうは1のくらいから計算しますが、【図4】のように、大きな桁から計算すると、意味ある数字からわかってくるので、おおよその数字がわかったら、そこで計算をやめてもいいでしょう。

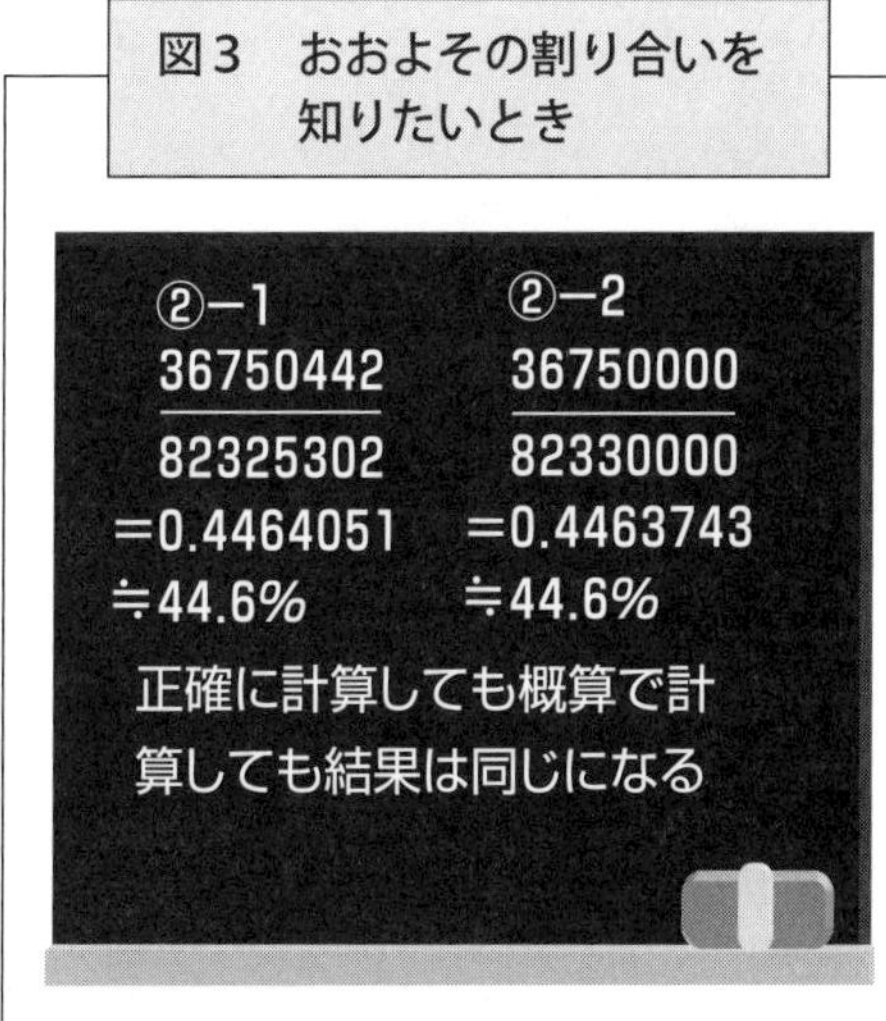

図3　おおよその割り合いを知りたいとき

図4　桁数が大きく、端数に意味がないとき

③−1

7823
×5395
39115
70407
23469
39115
42205085

ふつうの計算では重要でない端数からわかってくる

③−2

7823
×5395
39115
23469
70407
39115
42205085

大きな桁から計算すると意味ある数字からわかってくる

そういうことだったのか！　スッキリわかる「台形とひし形の面積」

数学の公式は丸暗記しても意味がありません。

例えば、台形の面積を求める公式（【式1】）ですが、なぜ、わざわざ2で割る必要があるのでしょうか。それは、【図1】のように、問題となっている台形とまったく同じ形をもう1つ考え、反転させてくっつけるとわかります。つまり、台形の面積を求める公式の土台になっているのは、タテ×ヨコという四角形の面積を求める公式なのです。

次は、【図2】のようにひし形はどうでしょうか。ひし形の特徴は対角線が直角に交差していることで、ひし形の面積は、高さがわからないから台形の公式では求められません。しかし、ひし形を4つの三角形にすれば、対角線が高さになっていることがわかります。

そして、【図2】のように周囲に点線で表した補助線を引くと、それぞれの三角形と面積が同じ三角形が誕生します。そこから、ひし形の面積を求める公式（【式2】）となるわけです。

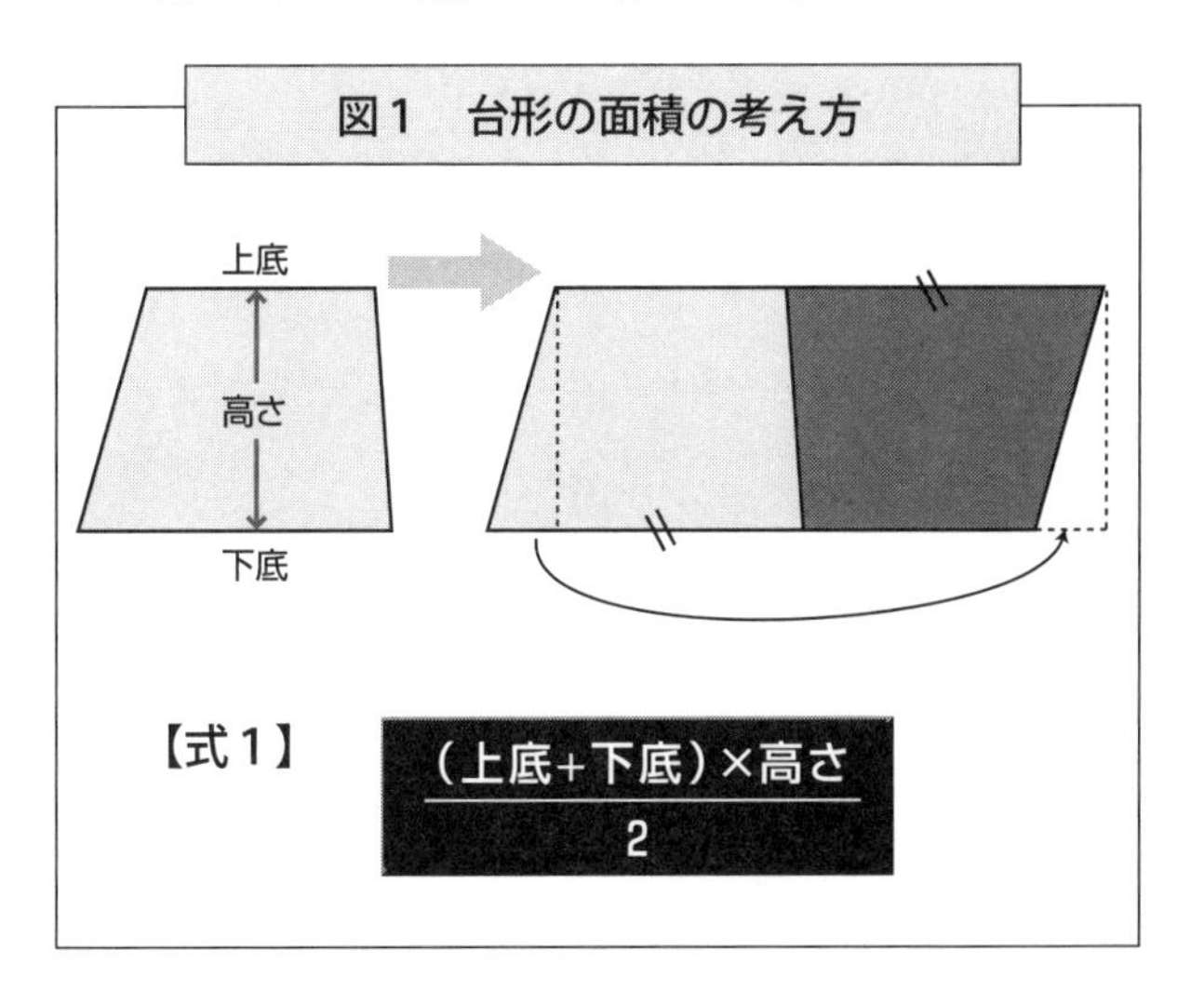
図1　台形の面積の考え方
上底
高さ
下底
【式1】
（上底＋下底）×高さ
2

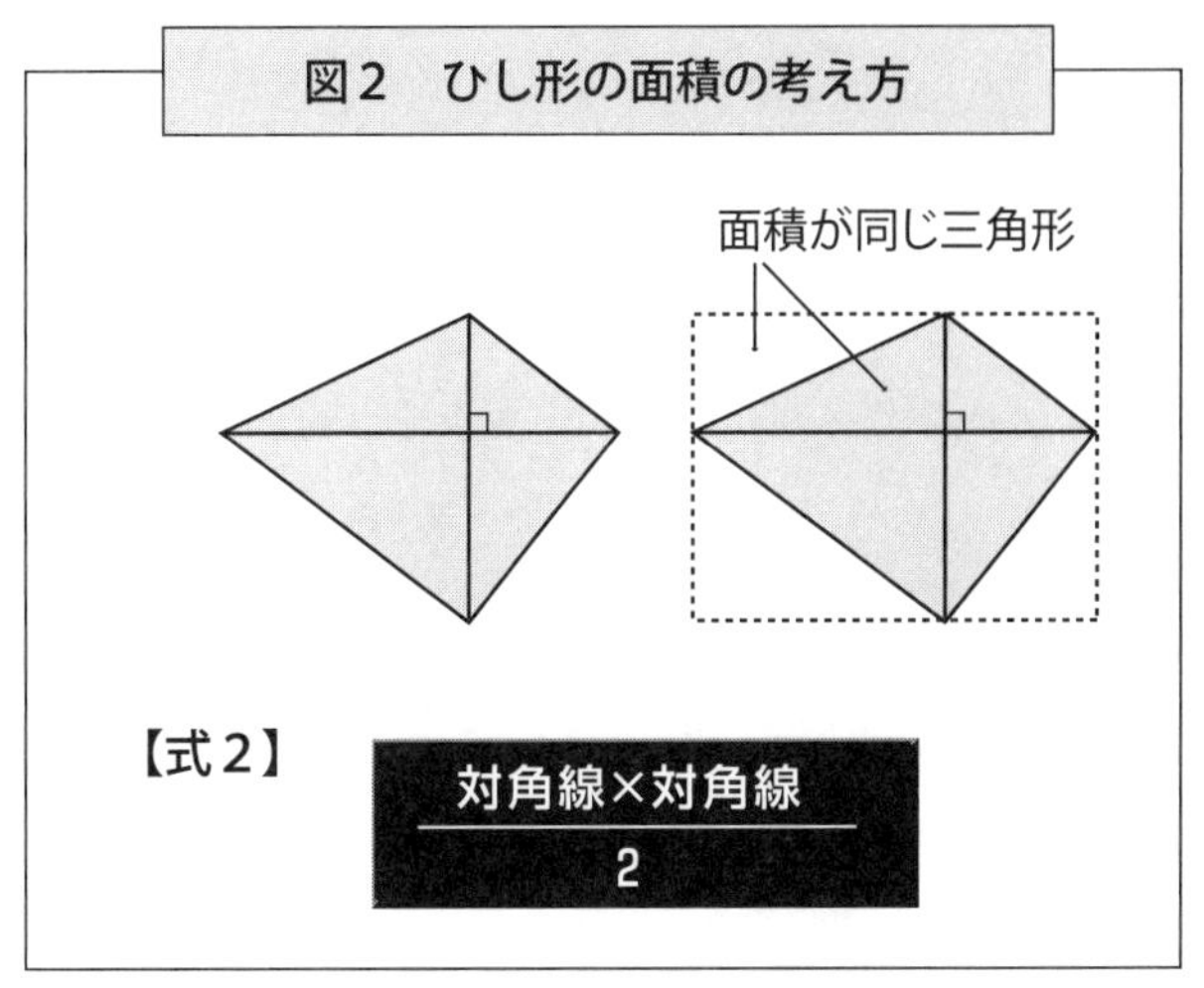
図2　ひし形の面積の考え方
面積が同じ三角形
【式2】
対角線×対角線
2

グルグルに巻いてあるのに、なぜカーペットの長さがわかる？

新婚のケンジ君とキョウコさんが、新居に敷くカーペットをもらいに親の家にやってきました。でも、カーペットは【図】のようにグルグルと巻いてあるので、全体の長さがわかりません。

巻いてある短い辺の長さは、はかればわかりますが、長いほうの辺がわかりません。これでは、自分たちの部屋に敷けるかどうかがはっきりしません。もちろん、広げればわかるのですが、ケンジ君はめんどうくさいようです。そこへお父さんがやってきて、こういいました。

「広げなくても長さは簡単にわかるよ」

では、お父さんのやったことを見てみましょう。

まず、渦巻きの最後の切り口から、カーペットの直径をはかったところ、19㎝でした。

次に、カーペットの厚みをはかったところ、２㎝でした。

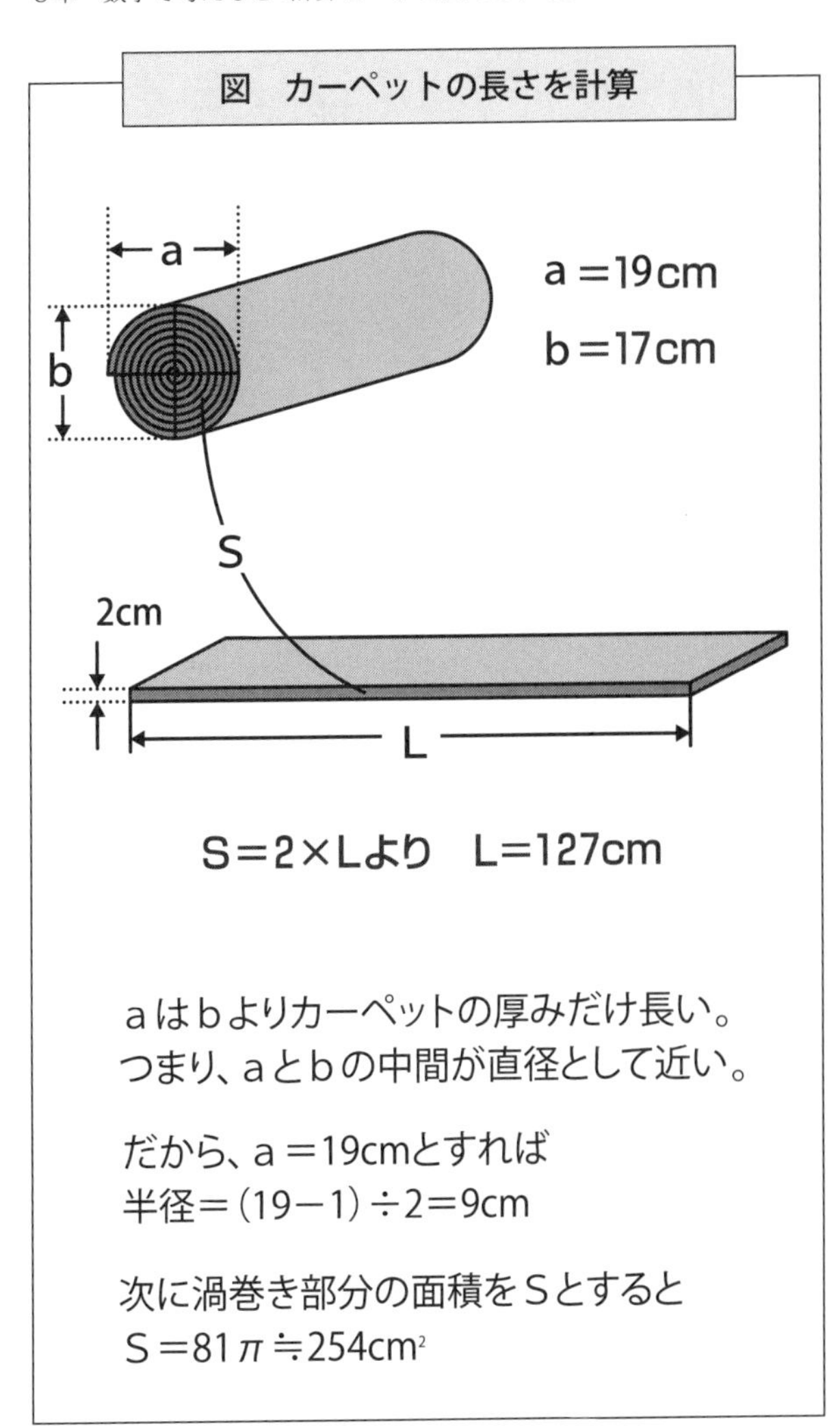

図　カーペットの長さを計算

しかし、直径にはばらつきがあります。【図】のように、19㎝と17㎝の部分があるのです。そのため、巻かれたカーペットの直径は、厚みの半分を引いたもの（18㎝）としたほうが近いでしょう。したがって、半径は【式1】となります。

半径の長さがわかったので、円の面積（＝半径×半径×円周率）で、渦巻き部分の面積は81πということがわかりました。

ここからがポイント！

円の面積（約254㎠）は、カーペットを広げたときの側面の面積と同じです。さらに、側面を四角形と見立てると、タテ×ヨコで求められます。カーペットの厚みが2㎝（タテ）ですから、カーペットの長さをL（ヨコ）とすると、【式2】となります。

答えであるカーペットの長さを127㎝と割り出すことができました。ケンジ君は広げなくてもこのカーペットは部屋全体に敷くものではなく、一部に敷くものだとわかりました。

【式1】　(19－1)÷2＝9（㎝）

【式2】　254＝2×L
　　L＝127（㎝）

小指を地図にあてれば、ざっくりと距離がつかめるのはホント？

ドライブをするとき、世界地図や日本地図などの大きな地図を持っていく人はいません。最近はカーナビのついている車も多くなりましたが、ない人は縮尺が5万分の1程度の地図を用意します。

そういう地図には、地図上の距離を理解しやすくするため、地図の右下あたりに1㎞から5㎞くらいまでがどれくらいの長さであるかという目安のスケールが載っています。

しかし、いちいちそれを道路にあてがうわけにはいきませんから、基本となる1㎝が何㎞になるか知っておいたほうが便利です。

縮尺5万分の1の地図の場合、1㎝は500m、すなわち0・5㎞にあたります。で、これを実際に用いる場合を考えてみましょう。

まず、自分の小指の長さがどれくらいかを知っておきます。

短めの小指で約5㎝ですから、2・5㎞を示すモノサシとなります。長めの小指だと約

6㎝で、3㎞となります（【図1】）。

こうして、地図の上の道路に自分の小指をあてて、はかることができるのです。

小指のモノサシが定規よりも便利なのは、曲がった道路のだいたいの長さも、小指を少し曲げればはかることができるからです。


地図を持っていても、自分の位置がわからないときがあります。その場合は、「三角点法」で知ることができます。

この方法は、まず2つの目標物を見つけることから始まります。その目標物は地図に載っているようなはっきりしたものでなければなりません。

その2つの目標物に向けて、【図2】のように地図を合わせると、自分の位置は2本の交点にあたる地点だとわかります。

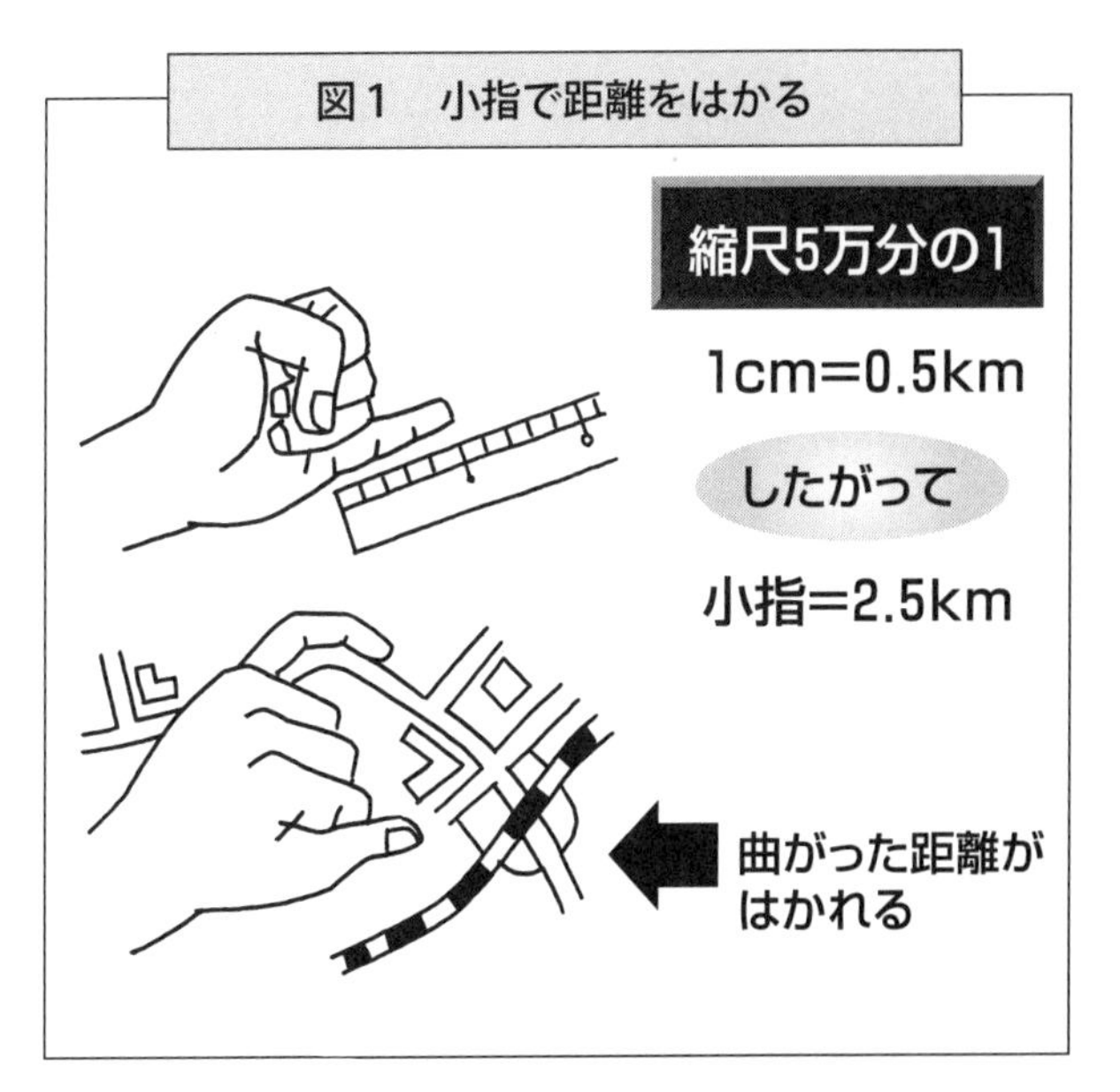
図1　小指で距離をはかる
縮尺5万分の1
1cm=0.5km
したがって
小指=2.5km
曲がった距離が
はかれる

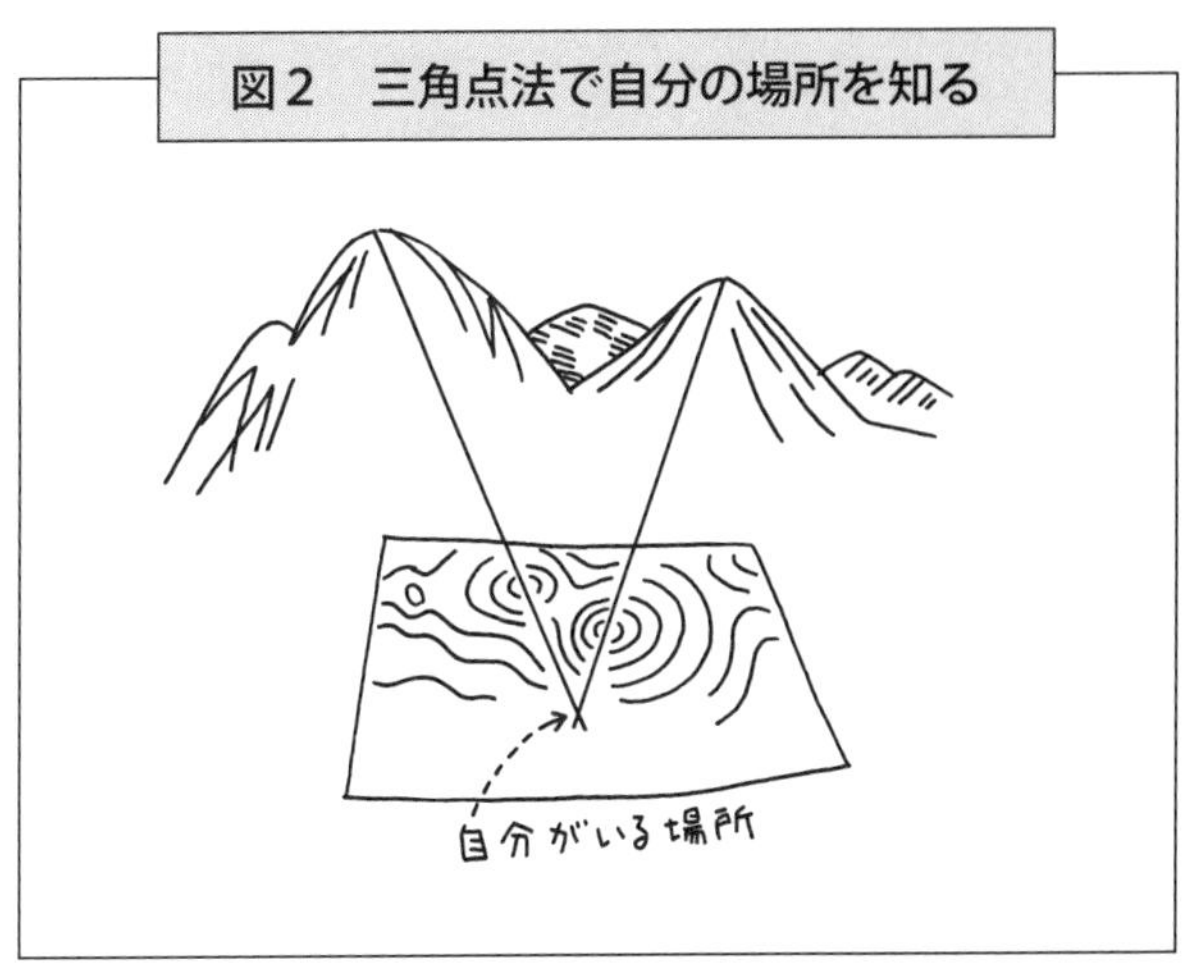
図2　三角点法で自分の場所を知る
自分がいる場所

方向オンチもこれで迷わない、地図の道筋を見抜く方法

目的地までの道筋はいつも1つとは限りません。

わざわざ迂回しないように、何通りの道順があるか知る方法を考えましょう。

まず、【図1】を【図2】のように単純な道筋にします。それから、【図3】のように角ごとに記号をつけます。なお、角AとBを通ると迂回になるので無視してかまいません。

さて、出発点から角Ⓐに行くには1通りです。したがって、【図4】のように1と記入します。同じように角Ⓘ、角Ⓤ、角Ⓔ、角Ⓚに行くのも1通りです（【図5】）。

次に角Ⓞは、角Ⓘを通ってくる場合と、角Ⓔを通ってくる場合の2通り、同様に角Ⓚは角Ⓞの2通りと角Ⓤを通る3通りとわかります（【図6】）。

最後に角Ⓚは、角Ⓚを通る1通り、角Ⓚを通る3通りで、4通りが答えとなります。

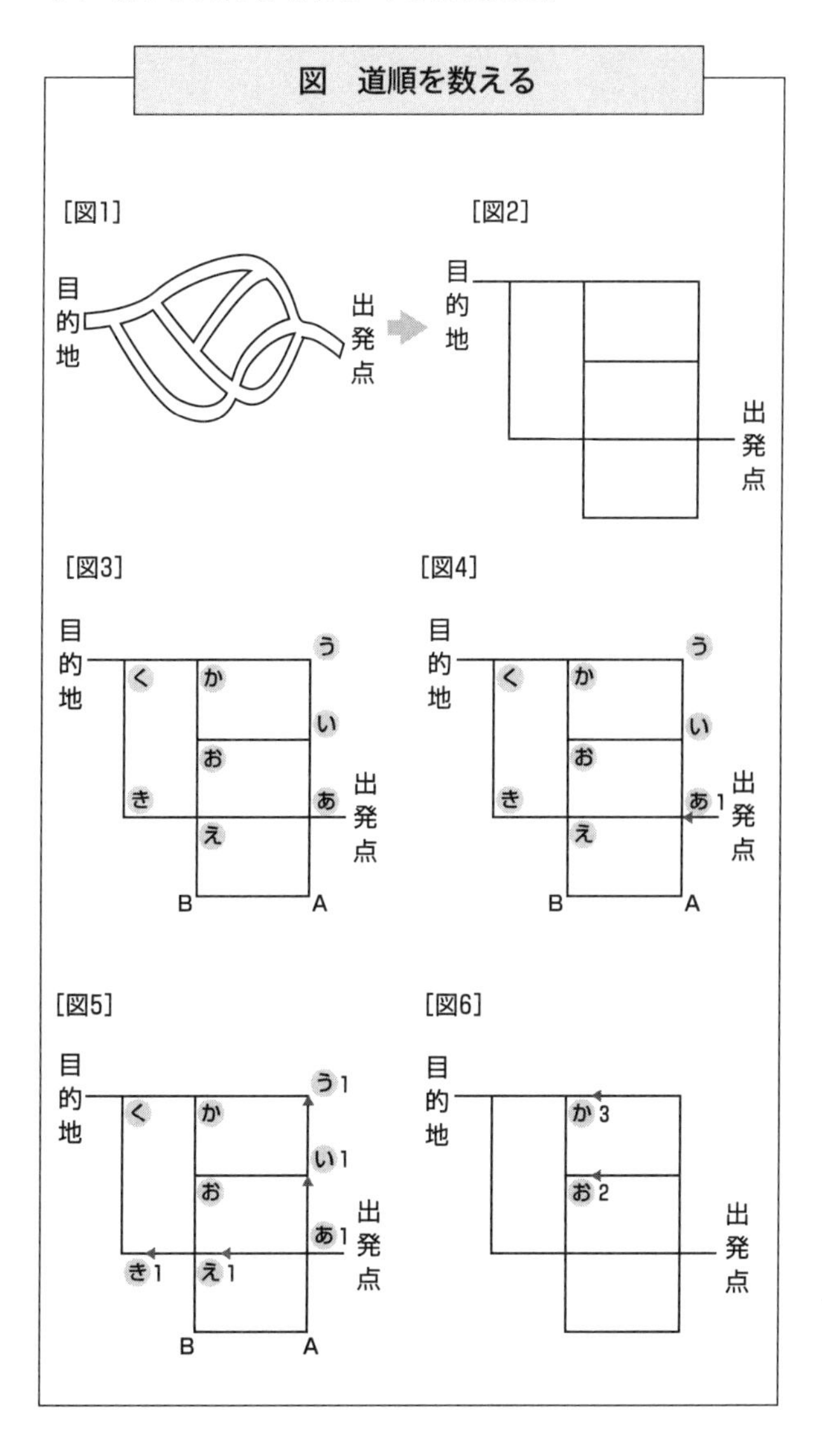
図　道順を数える
[図1]
目的地
出発点
[図2]
目的地
出発点
[図3]
目的地
う
く
か
い
お
出発点
き
あ
え
B
A
[図4]
目的地
う
く
か
い
お
出発点
き
あ 1
え
B
A
[図5]
目的地
う 1
く
か
い 1
お
出発点
あ 1
き 1
え 1
B
A
[図6]
目的地
か 3
お 2
出発点

架空の巨大怪獣の体重もはかれる計算法

地上からトサカまで12mもあるような巨大なニワトリがいたとします。この怪獣の体重はどのくらいになるでしょう。

ふつうのニワトリ1羽を、トサカまでの高さを30㎝、体重を約2㎏とします。これを基本として、巨大ニワトリの体重（x）を推測してみるというわけです（【式】）。

巨大ニワトリの体長はふつうのニワトリの40倍あるから、体重は80㎏とわかります。でも、12mも体長があるのになんかおかしい。

実はここでは体重を問題としているのですから、相似比の3乗を計算しなければならなかったのです。つまり、40×40×40×2という計算になり、128tもあることがわかります。大型車70台くらいの重さです。これで納得できたでしょうか。

図　怪獣の体重をはかる

0.3:12=2: x

x=80 (kg)

巨大なニワトリなのにたった80kg？

体重は相似比の3乗

正しくは40×40×40×2=128 (t)

4章　数学を図で考えると「身近なサイズを一瞬でつかめる」

ヒモと腕時計だけで、1mをはかる方法がある？

定規を使わずに「1m」をはかるにはどうしたらいいでしょうか。自分で1mのオリジナル定規をつくればいいのです。

難しいことではありません。道具はヒモと腕時計とオモリ（5円玉とか小石）だけで十分です。

まず、ヒモの端にオモリをつけ、振り子のようにゆっくりと揺らします。このとき、オモリが円ではなく弧を描くように揺らします（【図1】）。

そして、腕時計でオモリの往復時間をはかります。往復の時間がちょうど2秒になるように、ヒモの長さを調節します。ぴったり2秒で往復したら、そのときのヒモの長さが1mです。

少しタネ明かしをしておきましょう。これは「振り子の等時性」という性質によります。

振り子の周期をT（秒）、振り子の長さをL（m）とすると、【式1】が成立することになります。

ただし、kは約4・0（周期の単位を秒、長さをmではかった場合）です。したがって、この【式1】にT＝2を入れると、L＝1となることがわかるのです（【式2】）。

では、**身近にあるもので1mははかれないでしょうか。**

実は、新聞紙を利用して1mをはかる方法があります。新聞紙を開いた、対角線、その長さが約1mだったのです（【図2】）。実際には1mより少し短い（約98㎝）のですが、簡易モノサシとしては十分に役立つはずです。

【式1】　T×T＝kL

T：周期

L：振り子の長さ

【式2】　2×2＝4×L（L＝1）

図1　振り子が振れる時間でヒモの長さがわかる？

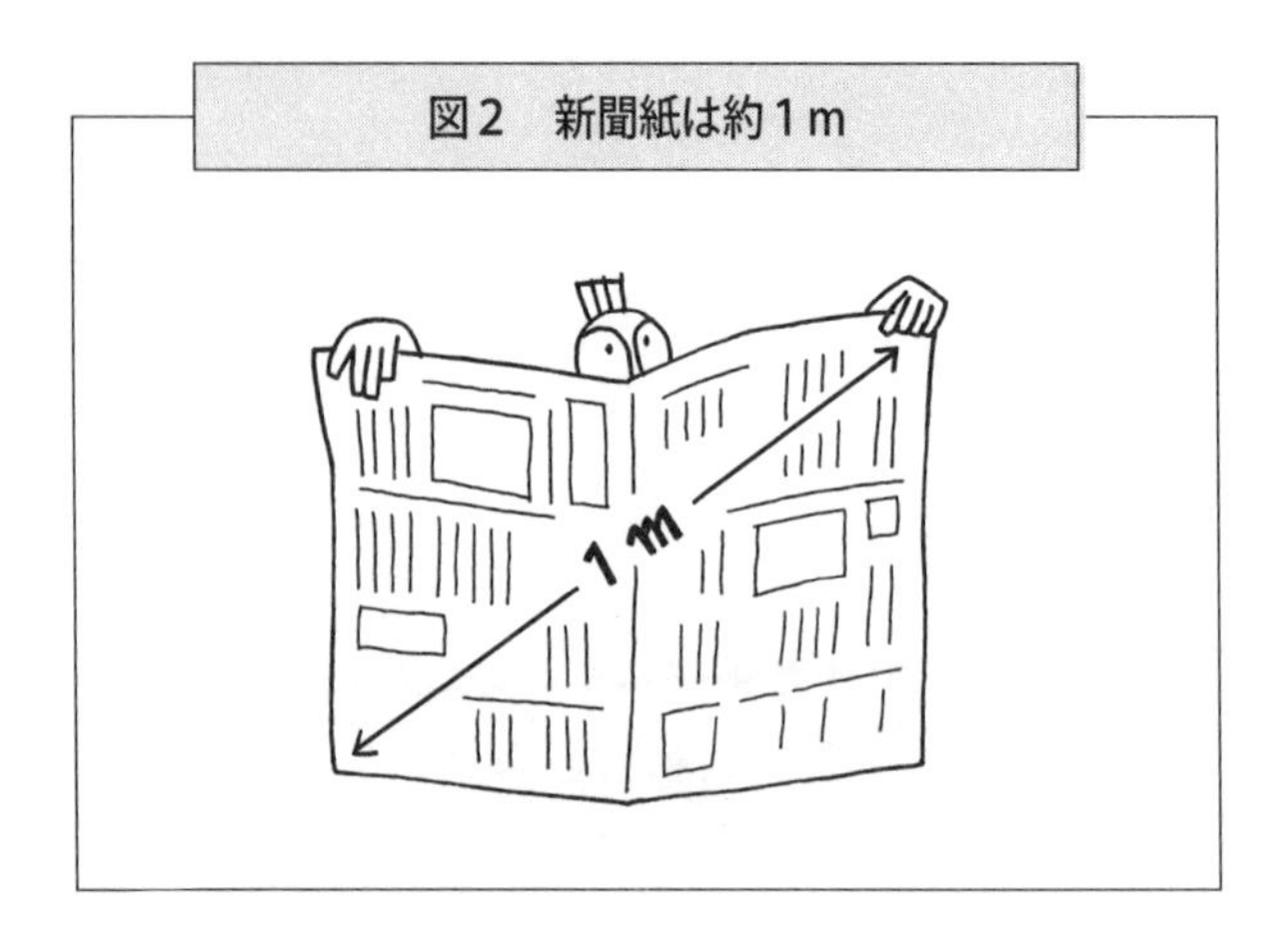

図2　新聞紙は約１ｍ

誰もが持っている「お金」の長さを知っている？

ちょっとした小物のサイズをはかりたいけど、いつも定規を持っているとは限りません。どうすればよいでしょうか。

実は、誰もが持っている「お金」を使えばいいのです。財布の中にある千円札が、モノサシに変身します！

千円札の寸法は15㎝×7・6㎝です。そのため、きちんと3つに折れば5㎝をはかることができます（【図】）。

2つ折にして対角線で三角にすれば、はかる対象がほぼ正方形かどうかがわかります。まあ、正方形かどうか知りたいということはあまりないかもしれませんが……。

また、千円札の表右上の「1000」という数字の高さは1㎝なので、これも利用できるでしょう。

小銭もモノサシの代わりになります。

1円玉の直径はきっかり2㎝。また、図案の樹木の幹が中央にあるため、これを利用して1㎝きざみで測定することもできるのです。まっすぐつなげられる限り、十数㎝までしっかりはかることができます。

なお、5円玉、50円玉の直径は2㎝よりわずかに大きく、1円玉を使うときよりも測定が不正確になるので注意しましょう。

次に、5円玉の穴の直径は5㎜、50円玉の穴の直径は4㎜というのも覚えておいて損はないでしょう。

重さでいえば、1円玉の重さが1g、50円玉の重さが4gであることも知っておくと便利です。

6gをはかりたいなら、1円玉2個と50円玉1個という具合に、簡単なはかりの代用となります。

それ以外の硬貨は小数点がつく重さなので、使い勝手が悪いです。

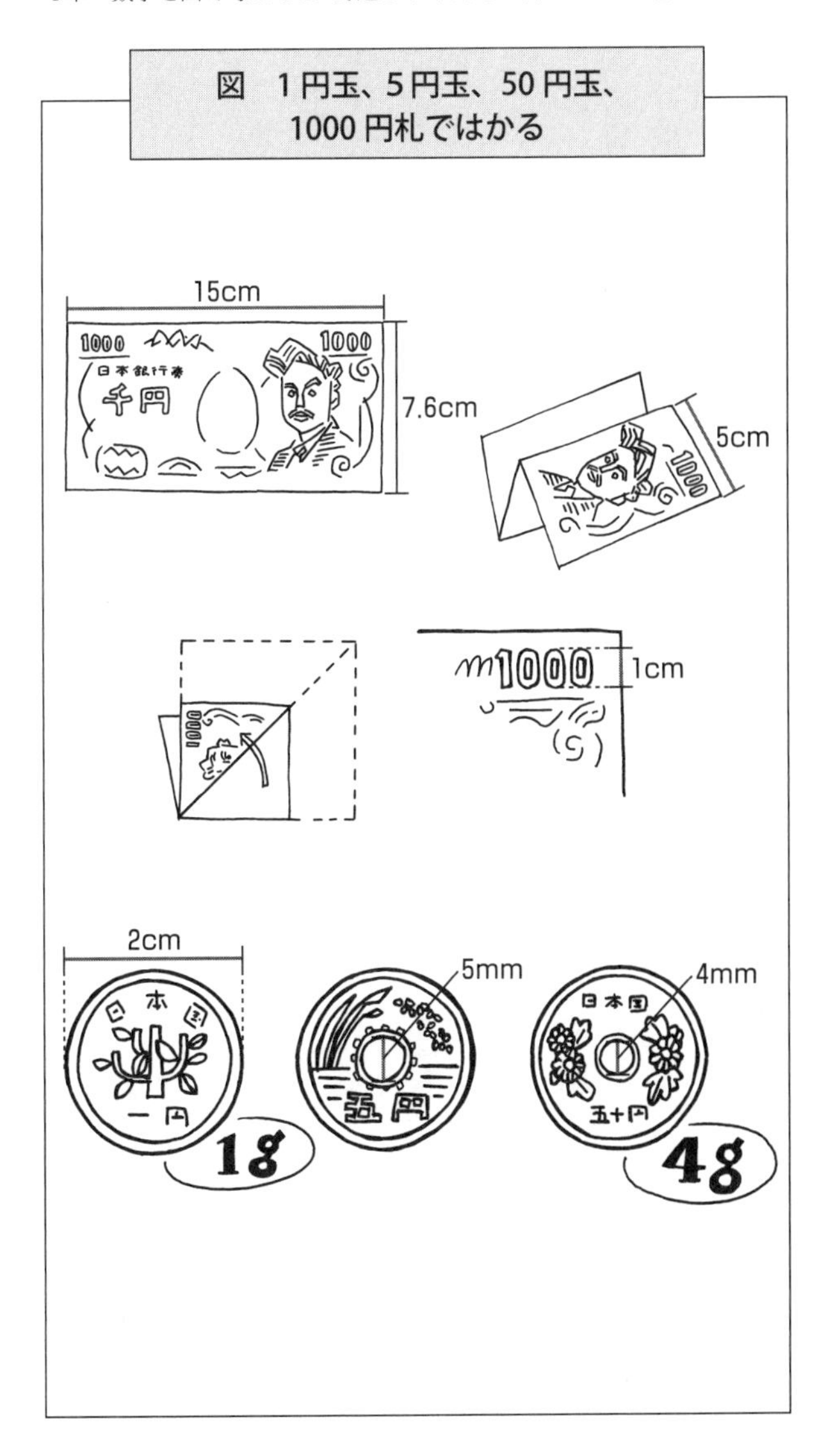

図　1円玉、5円玉、50円玉、
1000円札ではかる
15cm
7.6cm
5cm
1cm
2cm
5mm
4mm
1g
4g

カード、名刺、文庫本の定型サイズを巧みに使いこなす

身近なものには定型のサイズがあります。その大きさを知っていれば、何かと便利です。もちろん、多少の誤差はありますが、一般の「名刺」はタテ9㎝、ヨコ5・5㎝が基本となっています（【図1】）。

「カード」類は名刺よりやや小さく、タテ8・5㎝、ヨコ5・4㎝というサイズが基本です。これらの数字を覚えておけば、厳密な測定を必要としない場合なら、十分に役立つでしょう。

もっと便利にしたいなら、名刺に目盛りをつけるという手もあります。こうすれば、名刺を受け取った人にとっても役立ちます。しかも、名刺が与えるインパクトもかなり強くなること請け合いです。

「文庫本」のサイズは出版社によってまちまちですが、タテの寸法はおおよそ15㎝と覚え

ておけば、何かのときに役に立つかもしれません。ちなみに、文庫サイズは服のポケットに入るくらいのサイズになっています。

名刺は次のような場合でも役に立ちます。

円を描くには、コンパスやコップを使えば簡単ですが、円の中心を見つけるにはどうすればいいでしょうか。

ふだんは円の中心を見つける必要などないかもしれませんが、身近なものを利用して工作するときなどにはとても便利な方法ですから、覚えておくと得します。

使うものは、名刺のように角が90度のものなら何でもOKです。

やり方も簡単。【図2】のように、名刺の上部の2つの角が円と接するように置きます。そして、右上の角から、名刺の左の辺が円と交わったところへ線を引きます。次に左上の角から、名刺の右の辺が円と交わったところへ線を引きます。この交点が円の中心となります。

名刺はサイズもわかれば、円の中心までわかる便利な道具に様変わり！　ただし、社長の名刺を使うときには誰にも見られていないか確認してからですよ。

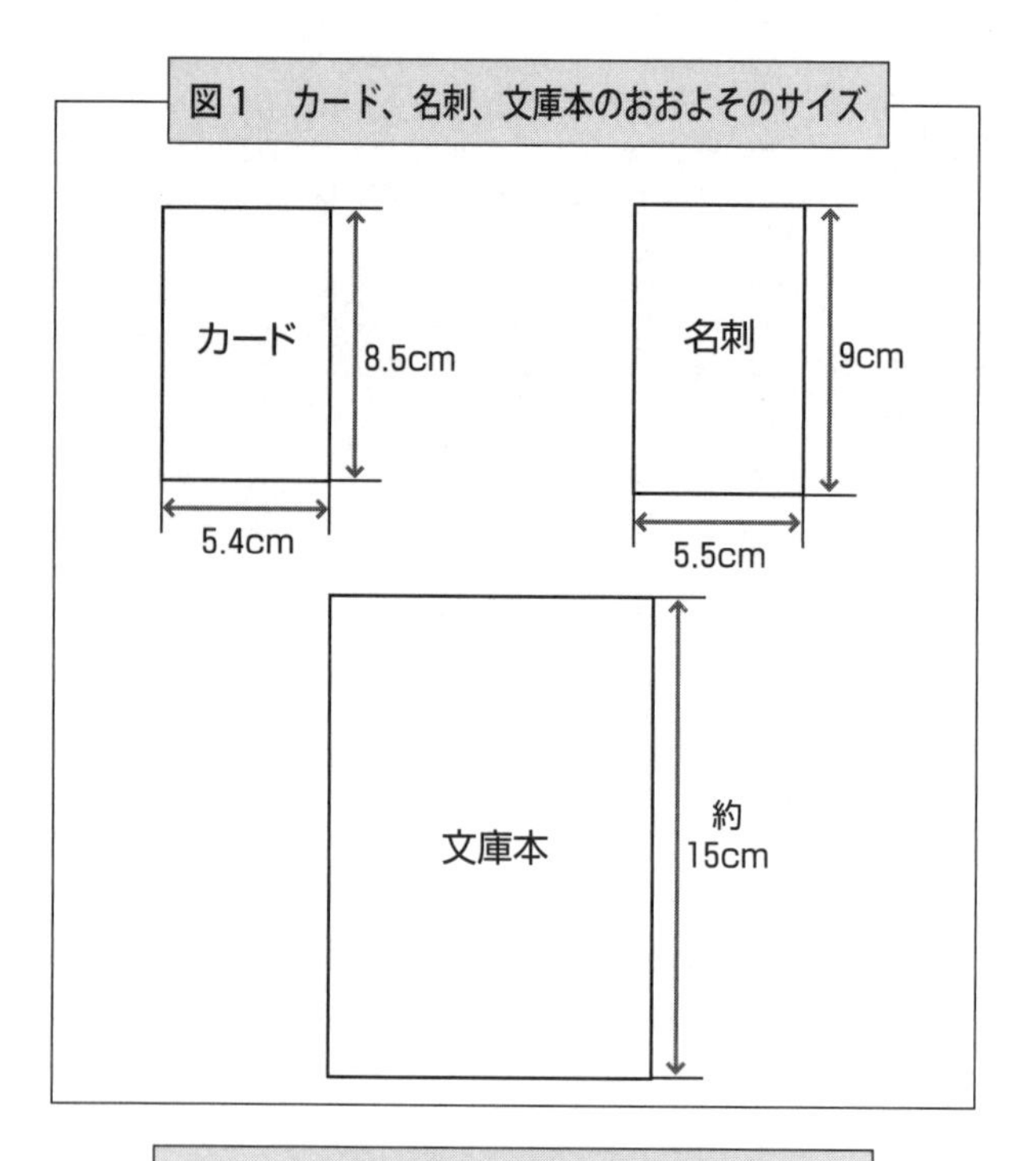
図1　カード、名刺、文庫本のおおよそのサイズ
カード
8.5cm
5.4cm
名刺
9cm
5.5cm
文庫本
約
15cm

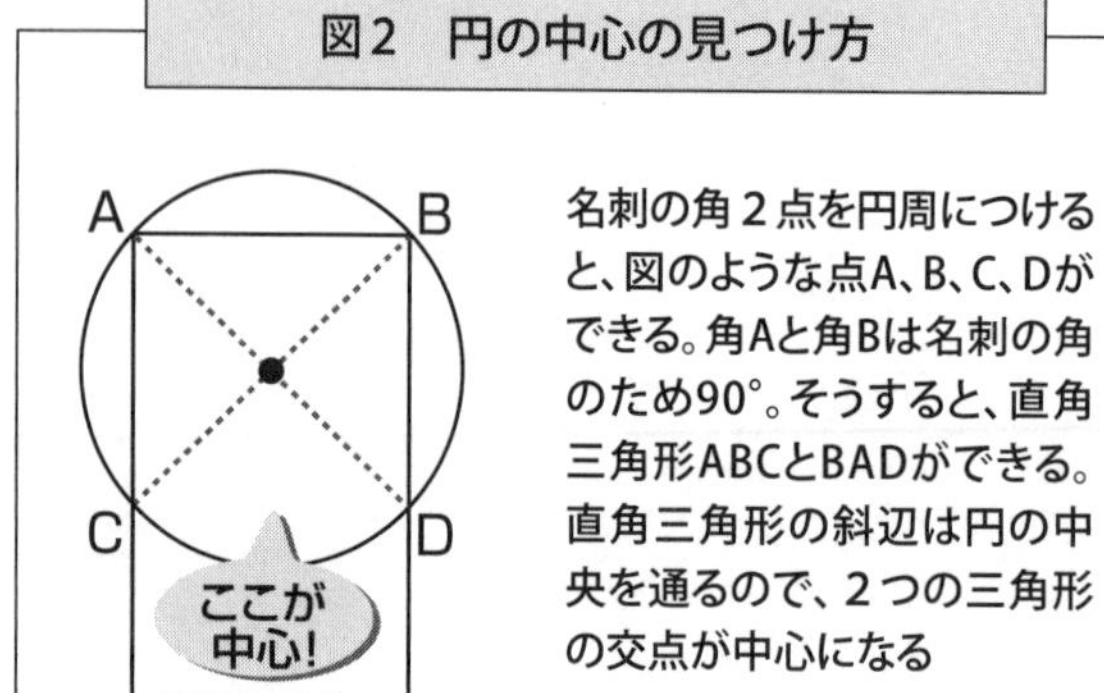
図2　円の中心の見つけ方
A
B
C
D
ここが
中心!
名刺の角２点を円周につけると、図のような点A、B、C、Dができる。角Aと角Bは名刺の角のため90°。そうすると、直角三角形ABCとBADができる。直角三角形の斜辺は円の中央を通るので、２つの三角形の交点が中心になる

2本のヒモで、10㎝、7㎝、1㎝……、をはかれる？

長さのわかった2本のヒモがあれば、どんな長さもはかることができます。

ただし、この場合、整数の長さという条件がつき、ヒモは曲げたりしないものとします。

さて、10㎝や6㎝などの長さをはかりたいとき、いったい何㎝と何㎝のヒモがあればいいのでしょうか。

実は、3㎝と5㎝のヒモがあれば、2㎝、6㎝、10㎝などの長さは簡単に求められます【図1・2】。

基本単位である1㎝を求めるにはどうすればよいでしょう。

3㎝のヒモを2つ分、はかって線を引いて6㎝をはかります。そこに5㎝のヒモをあてがって、その差を求めると1㎝になるのです。

では、2㎝と6㎝のヒモで考えてみましょう。どうやっても、1㎝をはかることができません。その理由は、2と6がともに2の倍数になっているからです。

これらのことから、次のことがいえます。

2つの整数の長さのヒモがあるとき、その2つの最大公約数が1であるならば、すべての整数㎝の長さをはかることができます。

ちなみに、最大公約数とはいくつかの整数に共通な約数の中で、いちばん大きい数のことをいいます。例えば、3と5の最大公約数は1、2と6の最大公約数は2、という具合です。

したがって、3㎝と5㎝のヒモですべての長さがはかれるということがわかるわけです。

2㎝と5㎝、3㎝と10㎝など、ほかにもいろんな組み合わせが考えられます。

図1　3cmと5cmのヒモではかる①

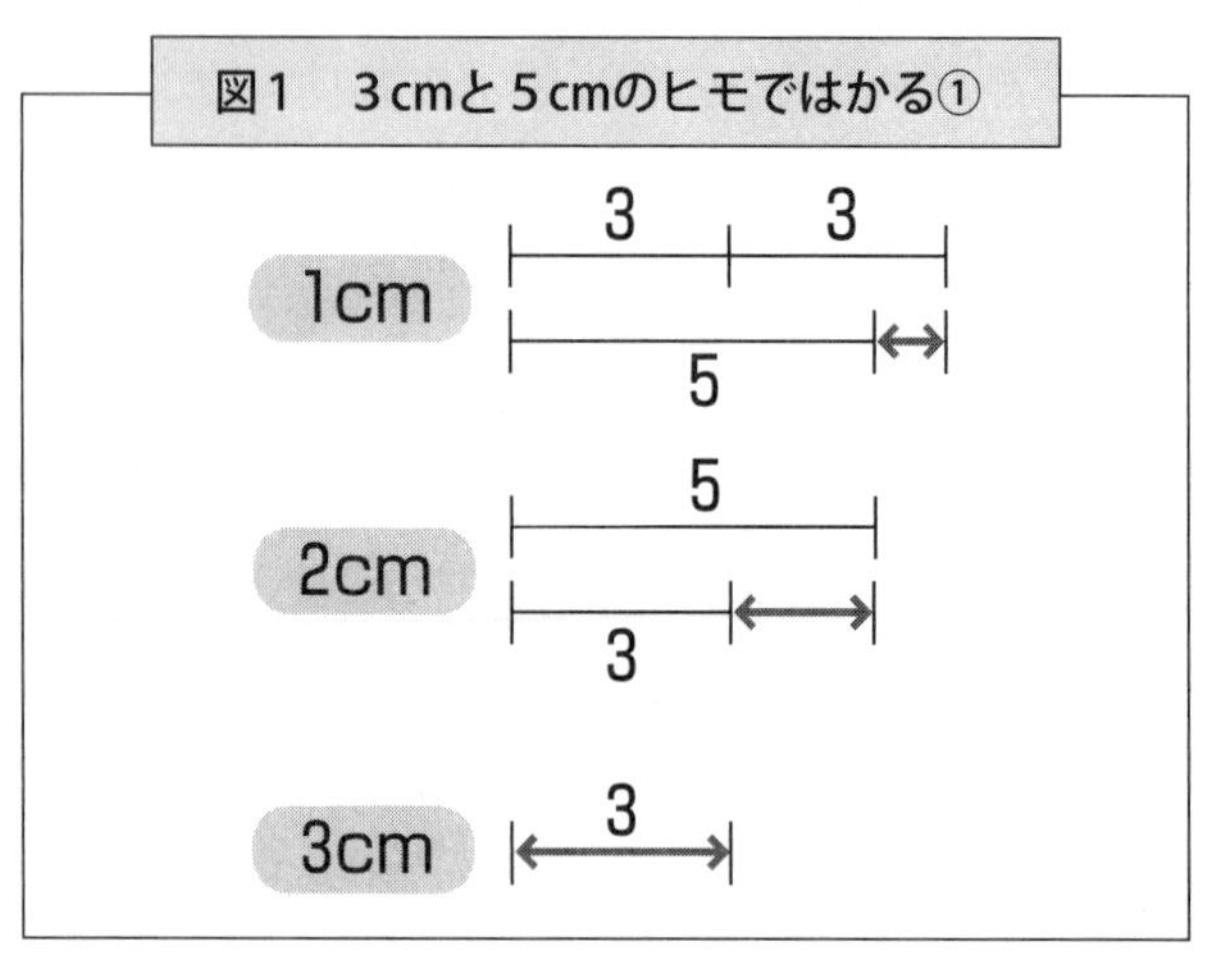

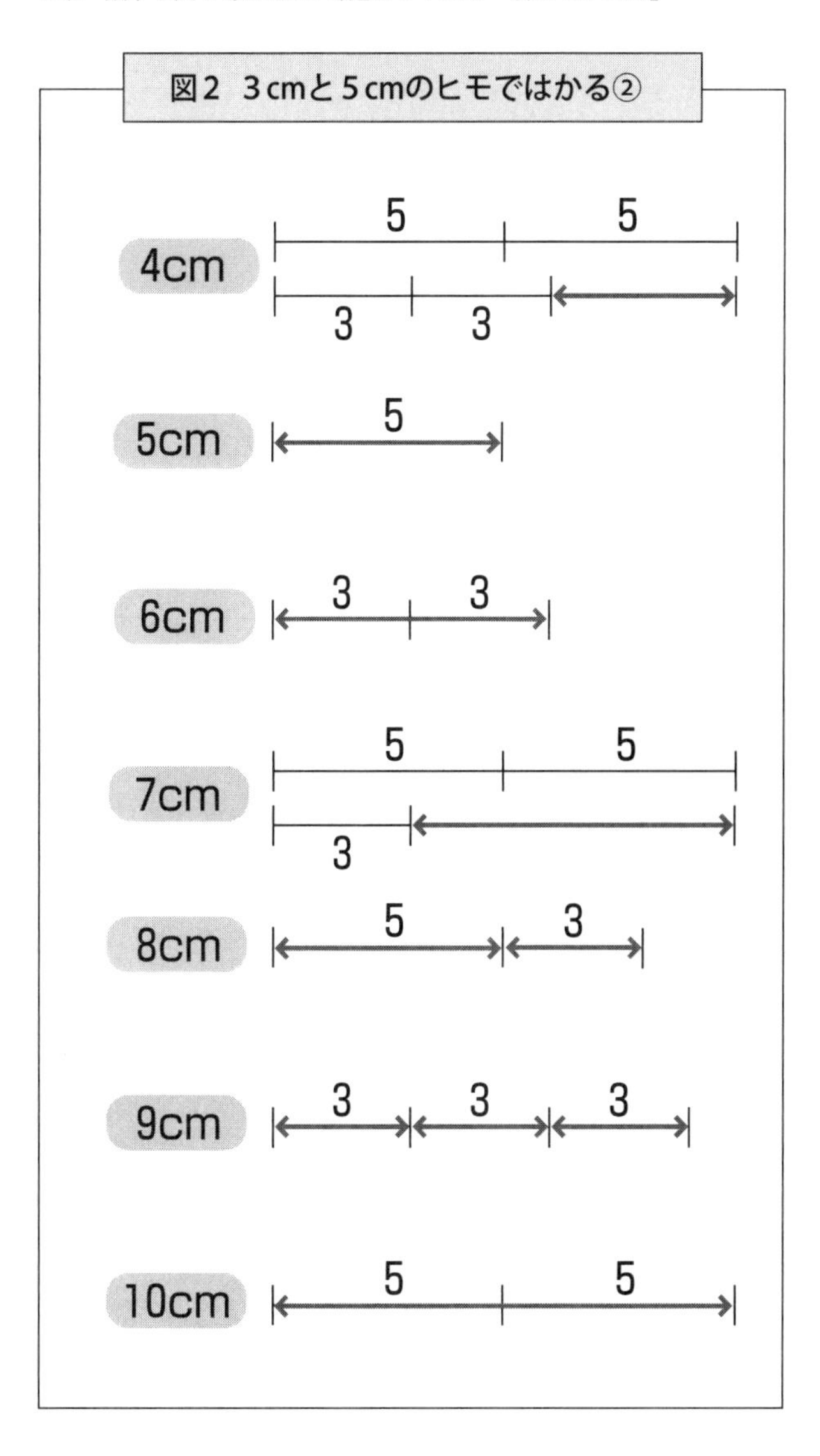
図2　3cmと5cmのヒモではかる②
4cm
5
5
3
3
5cm
5
6cm
3
3
7cm
5
5
3
8cm
5
3
9cm
3
3
3
10cm
5
5

遠くにいる彼女までの距離はどれくらい？

遠くにガールフレンドが立っています。

その彼女の２つの目が２つの点に見えなかったら、彼女までの距離は約70ｍ以上です。

しかし、この目安はあなたの視力によってだいぶ変わってくるので、あまりあてになりません。

しかも、彼女が、例えば野原に立っていた場合、比較となる建物などないため、周りから推測することもできません。どのようにして遠くにいる彼女までの距離をはかればいいのでしょうか。もちろん、分度器や定規などの器具もないとします。

そういう場合、自分の右手の指を使って距離を測定することができます。

まず、【図】のように腕を伸ばして、親指を立てます。そうして、親指と彼女の大きさを比較します。

彼女の大きさが親指の爪の半分（10㎜）だったら、彼女の身長に57を掛けて出た数字が彼女との距離になります。彼女の身長が160㎝（＝1・6ｍ）の場合は【式】のようになります。

すなわち、およそ91ｍ離れていることがわかります。ちなみに、1円玉の半径は10㎜。1円玉のサイズに見えても同じ計算が成り立ちます。なお、対象の大きさが爪と同じ大きさだったら、28を掛けます。また、対象の大きさが親指の4分の3でしたら、14を掛けます。

ただし、このはかり方では、必ずはかる対象のだいたいの大きさがわかっていることが条件となります。

【式】　1.6×57=91.2（m）

図　親指で遠くの物のサイズをはかる

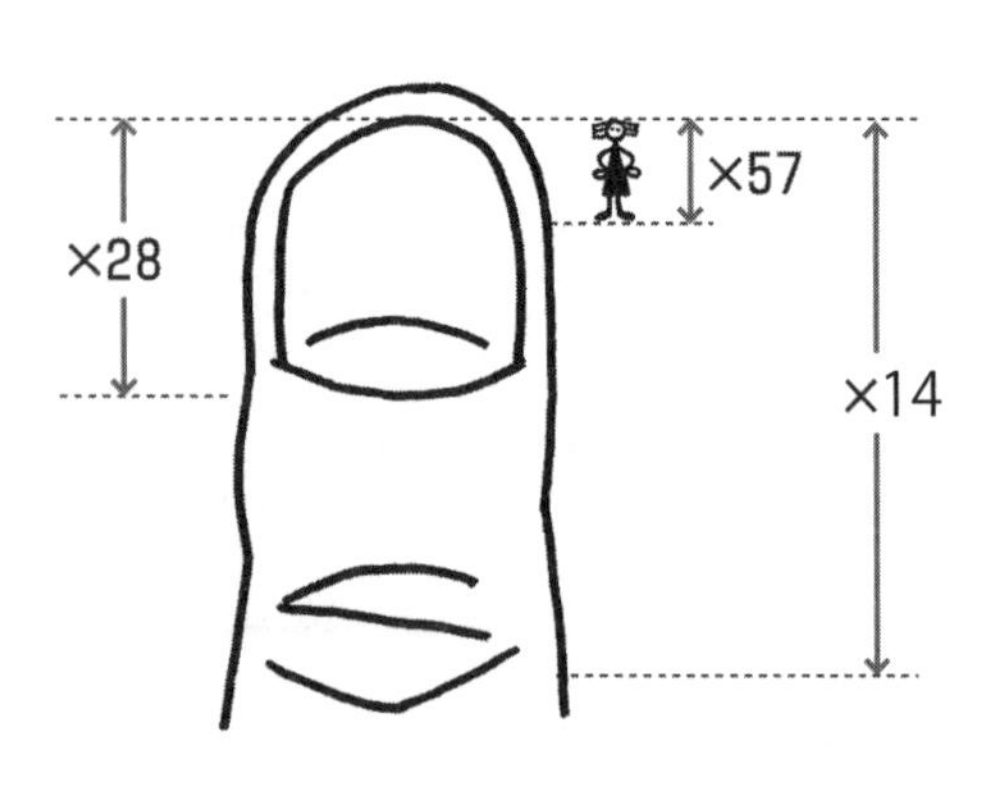

映画の中でトム・クルーズが歩いた距離を計算できる？

身長170cmくらいの人が、遠くを50歩進んで立ち止まりました。さて、何m歩いたのでしょうか。

あるいは、映画のスクリーンで、プールから上がった身長170cm（1・7m）の俳優、トム・クルーズが、33歩で建物の中に入りました。さて、プールから建物まで何mあるでしょうか。

どちらも、ふつうに歩いた場合は、その距離を簡単に計算する方法があります。それは【式1】に示すものです。

ただし、Tは目の高さ（m）とします。そのため、身長が170cmの場合は、およそ160cmとします。これを計算すれば、距離が出ます。最初の場合である50歩歩いた場合は、【式2】から、40m歩いていることがわかりまし

【式1】　T(m)÷2× 歩数＝歩いた距離(m)

た。

プールから建物までの距離もわかりますね。およそ26mです。ポイントは、その人の歩幅は目から足までの長さの半分としていることです（【図1】）。

目的地に行くには、歩くだけでなく、自動車に乗ったり、地下鉄に乗ったりと、いろいろな方法があります。

では、めんどうな計算をせずに、出発点から目的地まで、どれだけの距離を移動したかを知るにはどうしたらいいでしょうか。

これには、簡単な座標を使います。【図2】のようにタテに速度、ヨコに時間を置き、線を引きます。

こうしてできた図形のグレーの部分が、量として表れた距離です。まさに、ひと目で実感できるのではないでしょうか。

【式2】　$1.6 \div 2 \times 50 = 40$

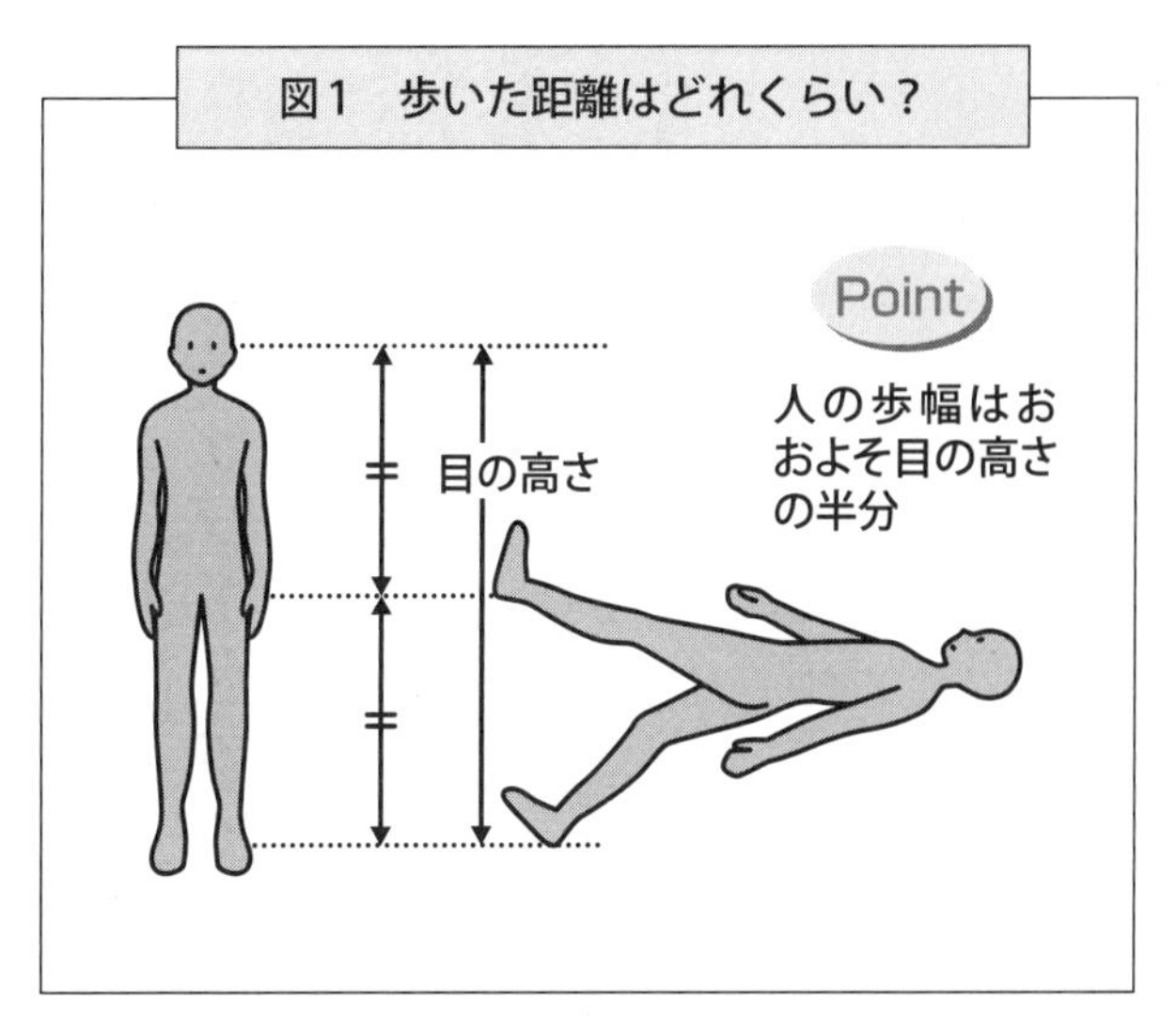
図1　歩いた距離はどれくらい？
Point
人の歩幅はおおよそ目の高さの半分
目の高さ

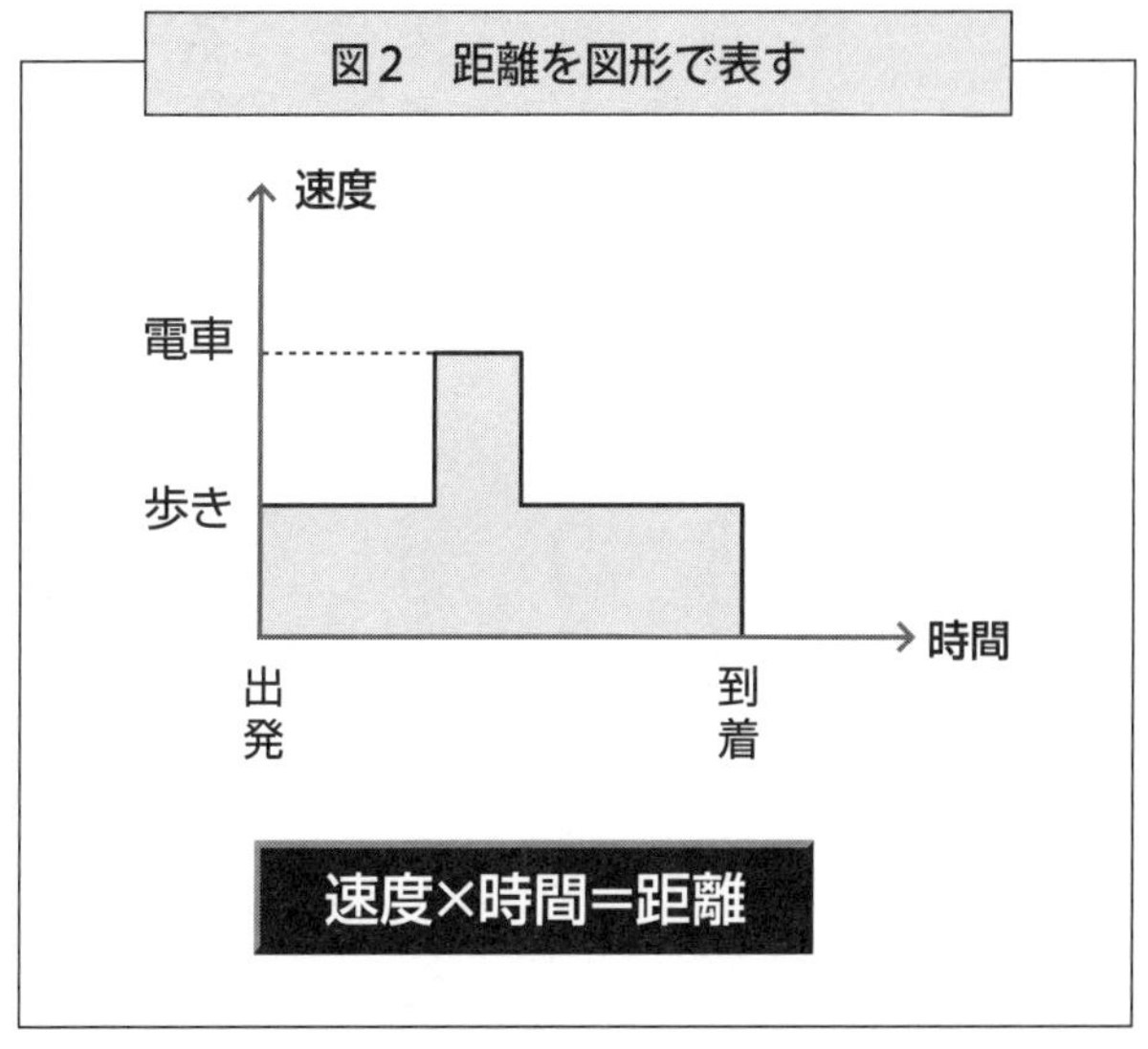
図2　距離を図形で表す
速度
電車
歩き
時間
出発
到着
速度×時間＝距離

サッカーボールの直径、箱の対角線をモノサシ1本ではかれる？

モノサシは、はかりたい対象にあてがってはかるのがふつうです。

しかし、はかりたい部分にモノサシをあてがうことができない場合の長さは、どうすればいいのでしょうか。

例えば、【図1】のような密封された箱があります。この箱の内部の対角線の長さを知ろうとする場合です。

複雑な計算をして割り出すことももちろんできますが、それでは本書の趣旨に反します。

モノサシ1本さえあれば、次の手順で簡単にはかることができるのです。

①箱を壁などの垂直面に密着させる。
②箱の高さをはかり、箱の上にその高さのシルシをつける。
③その位置にモノサシの端をつけ、もう一端を角につけてはかる。

こうすれば、10秒もあればはかることができます。

次に、ゴルフボール、テニスボール、サッカーボール……。いろんな球体のボールがありますが、これらの直径を知るためにはどうしたらいいでしょうか。

ボールを水で濡らし、1回転させてついた跡を円周とし、それをπで割って計算する方法が1つ。周囲を巻尺ではかって、πで割ってもいいでしょう（【式】）。

ですが、もっと簡単なのは、定規1本ではかる方法です。これなら計算する必要がありません。そのやり方は、【図2】のように壁の隅にボールを寄せ、箱ではさむようにしておきながら、壁と箱の間をはかります。

これで一発で直径がわかります。便利でしょ？

【式】　$円の直径 = \frac{円周の長さ}{\pi}$

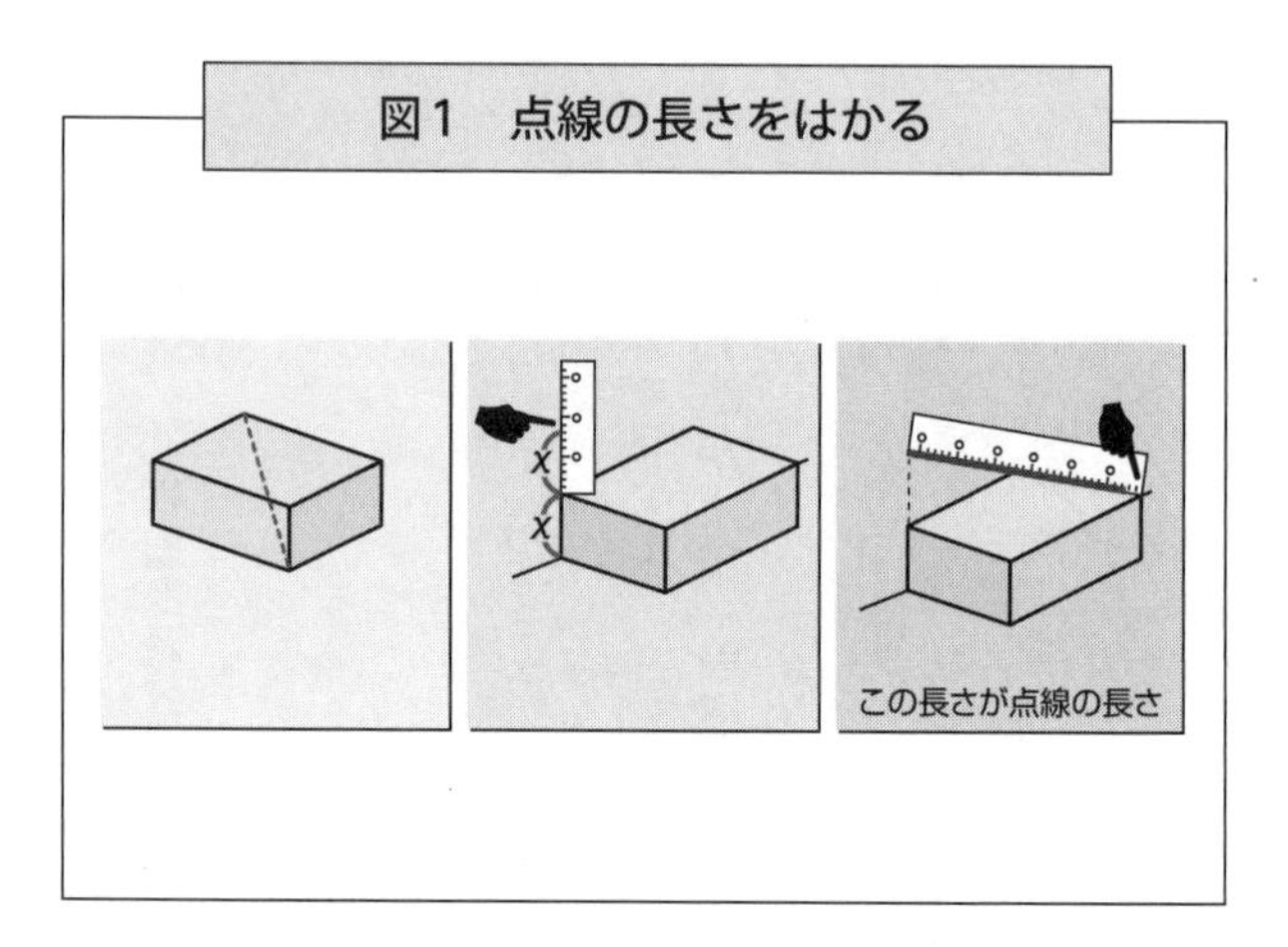
図1　点線の長さをはかる
X
X
この長さが点線の長さ

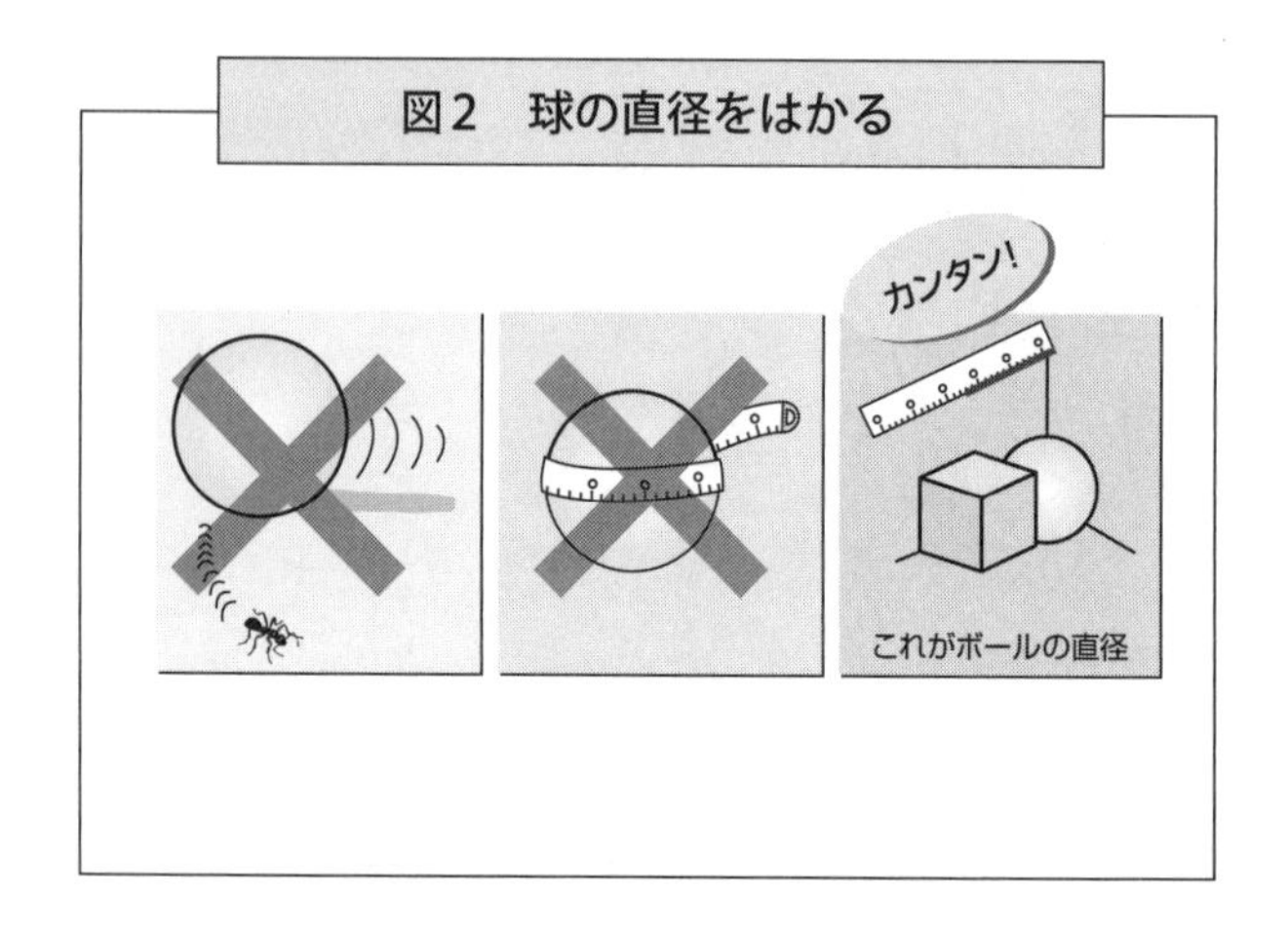
図2　球の直径をはかる
カンタン!
これがボールの直径

人との距離、車間距離で、パッと長さがわかる？

人と人との間には一定の距離があります。その距離を元におおよその長さをパッとはかることができます。

まずは、電車の場合。山手線などの通勤電車の座席は、ロングシートの場合では7人がけになっているものが多くあります。E235系の車両にある座席の1人分の幅は約46㎝とされていますから、7人座っていれば、その長さを割り出すことができます。電車の座席の長さは約3ｍほどだったのです。

また、講演会などで人が並んでいる場合、肩を押しつけ合うほどでなければ、1人あたりおおよそ50㎝とみることができます。それに人数を掛け算すれば、端から端までの長さがわかるのです。7人なら3ｍ50㎝、10人なら5ｍほどです。

この方法は、人数さえわかれば計算できるので、写真やテレビの画面からでも、横幅がどのくらいかの目安をつけることが可能となります。

車はどうでしょうか。例えば橋の上で車が渋滞していた場合、その台数がわかれば、だいたいの橋の長さを計算できます。

この場合、小型トラックや乗用車1台につき、車間距離を含め約5m、大型車などは車間距離を含め約8mとして計算します。【図1】のような場合だと、橋の長さは約41mだとわかるわけです。

同じやり方で、ビルの上から車の台数を数えて、道路の長さを割り出すこともできます。

図1　車で距離をはかる

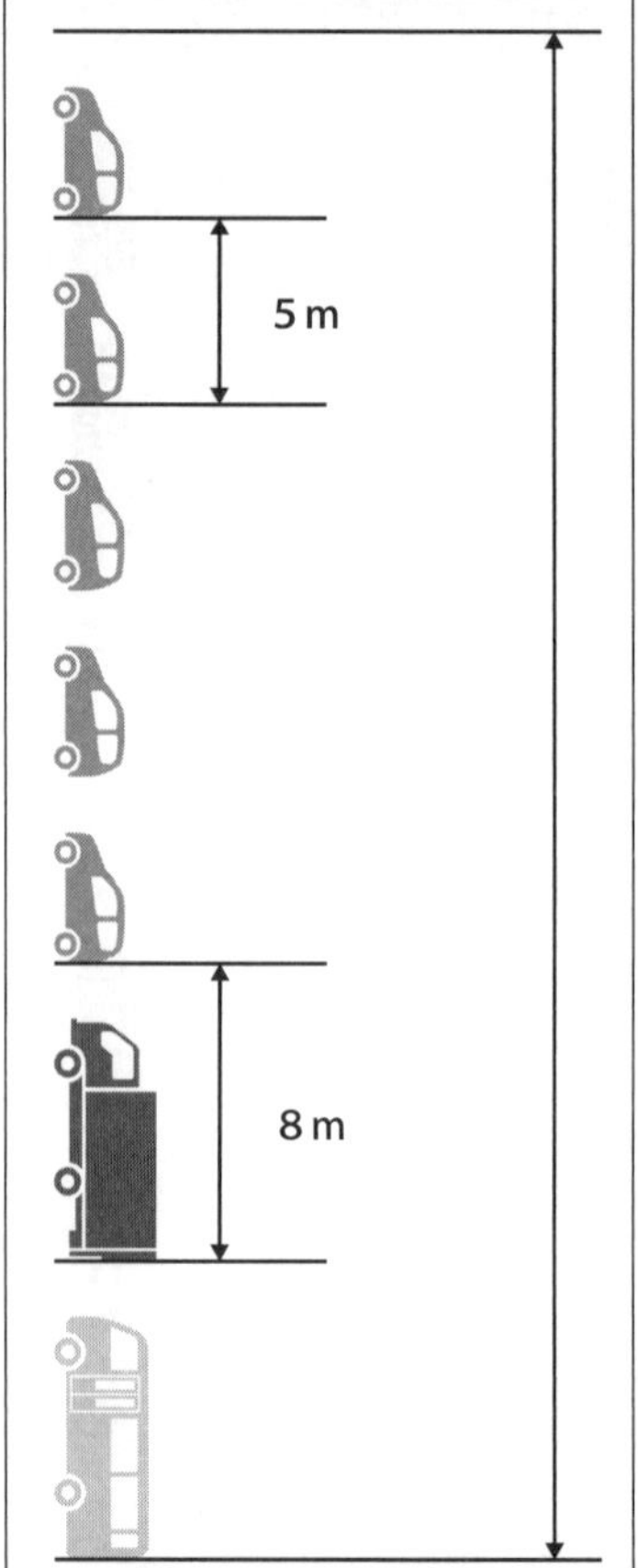

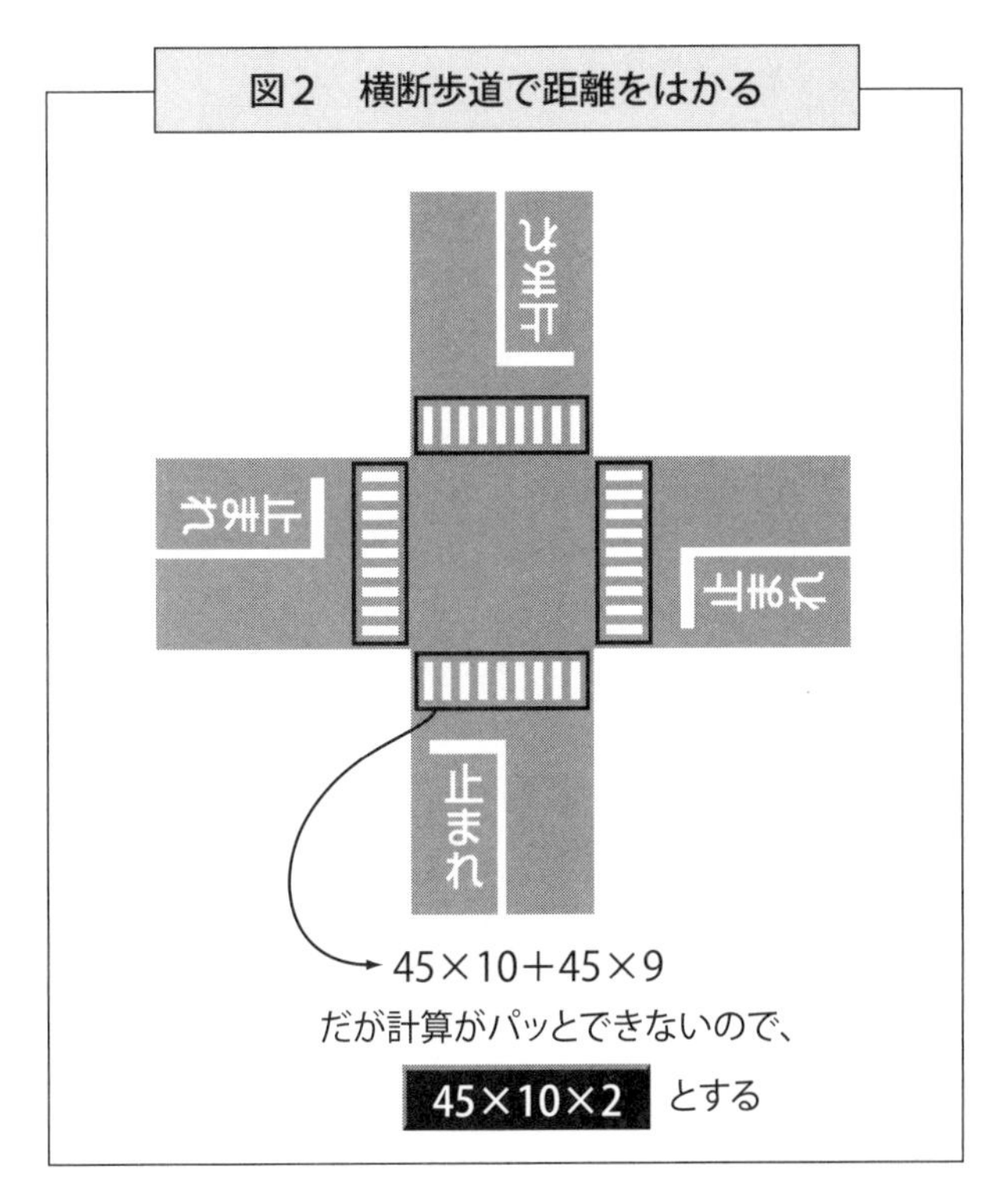

図2　横断歩道で距離をはかる

自分の1歩が何㎝か知っていれば、実際に歩けば道路の幅をはかることができますが、歩かずに、例えばビルの上から眺めるだけで道路の幅を知ることもできます。

それは、横断歩道の白線の幅は45～50㎝と定められているからです。つまり、横断歩道に10本の白いシマがあれば、45×10×2という簡単な計算で、およその幅がわかるということになります（【図2】）。

距離が一発でわかる測定器を、紙だけでつくれる？

ボール紙1枚だけで距離をはかる測定器を簡単につくれます。【図1】のような大きさの多角形を、ボール紙にカッターで切り抜くだけでできあがり。計算時に役立つ倍数を書いておくことが肝心です。

距離をはかるときは、この距離測定器を両手で持って対象を見ることです。対象の高さがわかっている場合は、ヨコに持って高さを合わせ、対象がどの枠に入るかを調節します。もし、対象の高さが約1mだとして、×28の枠にぴったり入るようでしたら、対象までの距離(【式】)は1×28から、約28mとわかるわけです(【図2】)。

図1　ボール紙でつくる距離測定器

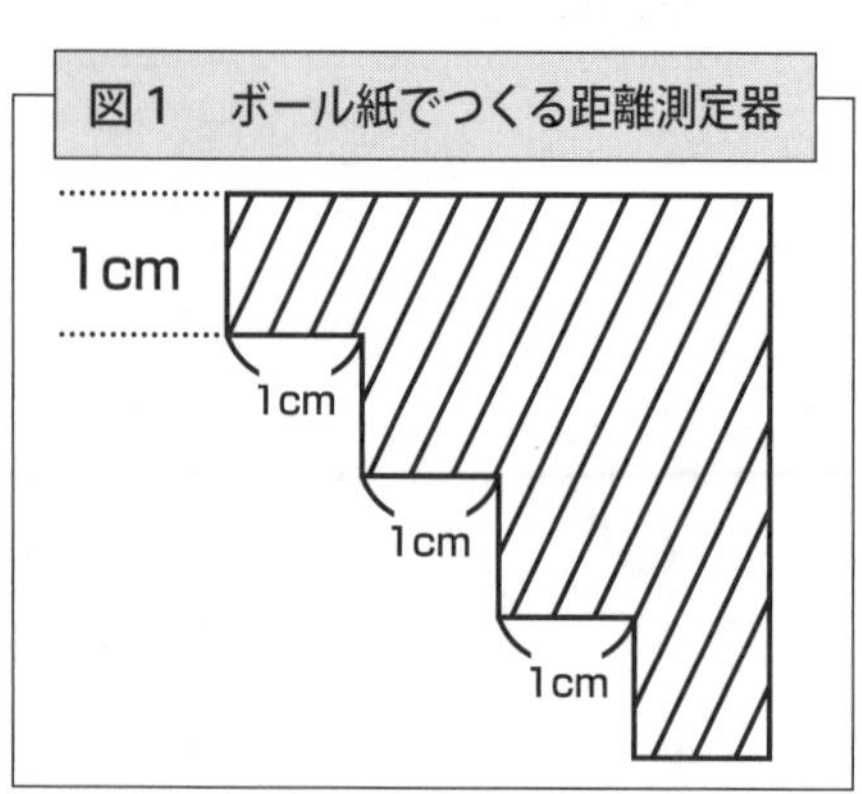

対象の高さがわからず、横幅がわかっている場合は、この測定器をタテに持って、ぴったり当てはまる位置を探せば、距離が割り出されます（【図3】）。対象の高さも横幅の長さもわからない場合は、対象のそばにあって、高さか横幅が推測できるものを枠の中に入れてみましょう。

なお、この距離測定器を使う前に、自分の目測で対象との距離を出し、改めてはかってみると、目測の訓練になります。

図2　測定器の倍率

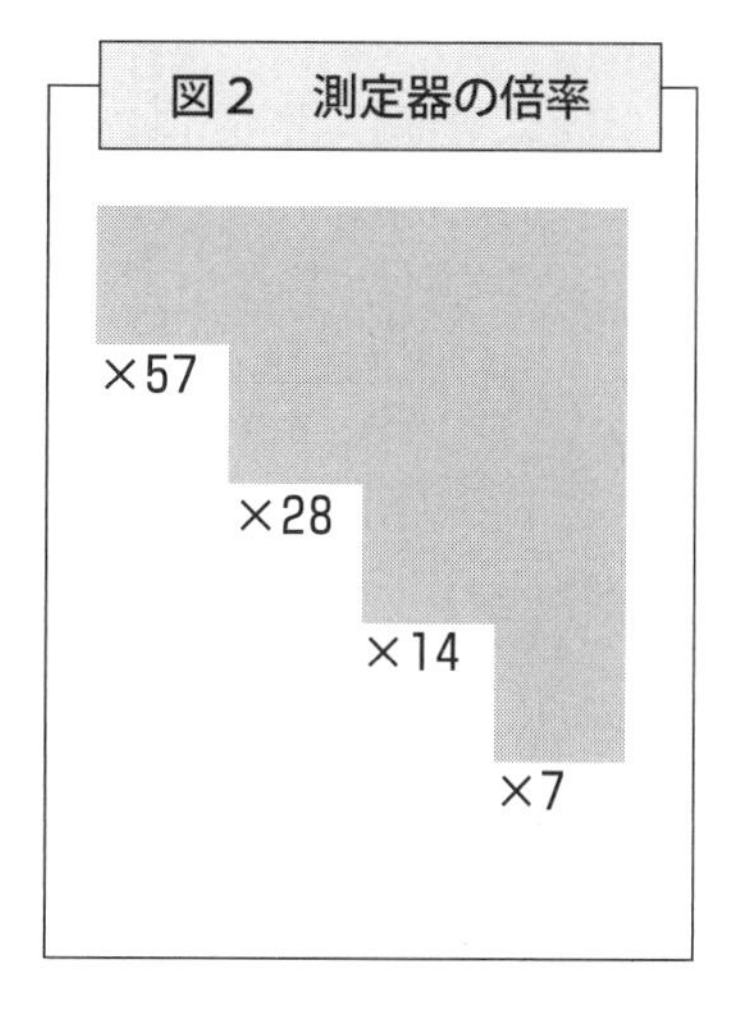

図3　測定器で一発でわかる

【式】 対象との距離（m）＝対象の高さ（横幅）× 各倍数

東京スカイツリーの高さがモノサシでわかる？

遠くの建物が6階建てです。すると、その建物の高さが約14mだとわかります。ビルのだいたいの高さを知るのは実は簡単です。

階数を数え、それに4mを掛け算すればいいのです。

しかし、高級ホテルなどは、フロアの天井が高いので、出た数値にさらに高さを加える必要があり、5～10mを加えると実際の高さに近くなるはずです。対象が団地などの場合は、階数に3mを掛けます。これは、ホテルなどの建物に比べ、天井が低いためです。

では、東京スカイツリーの高さのように、周りに比較できるものがない場合や、灯台や大仏など、遠くの見慣れないものをはかりたいときなどの場合はどうしたらいいでしょうか。こういうときでも、定規1本あれば、おおよその高さがわかります。【図】のように定規を持った腕を伸ばして、ものの目に見えた高さをはかり、【式】の計算をすればいいのです。これは「相似」の考えかたです。

図　定規1本ではかる

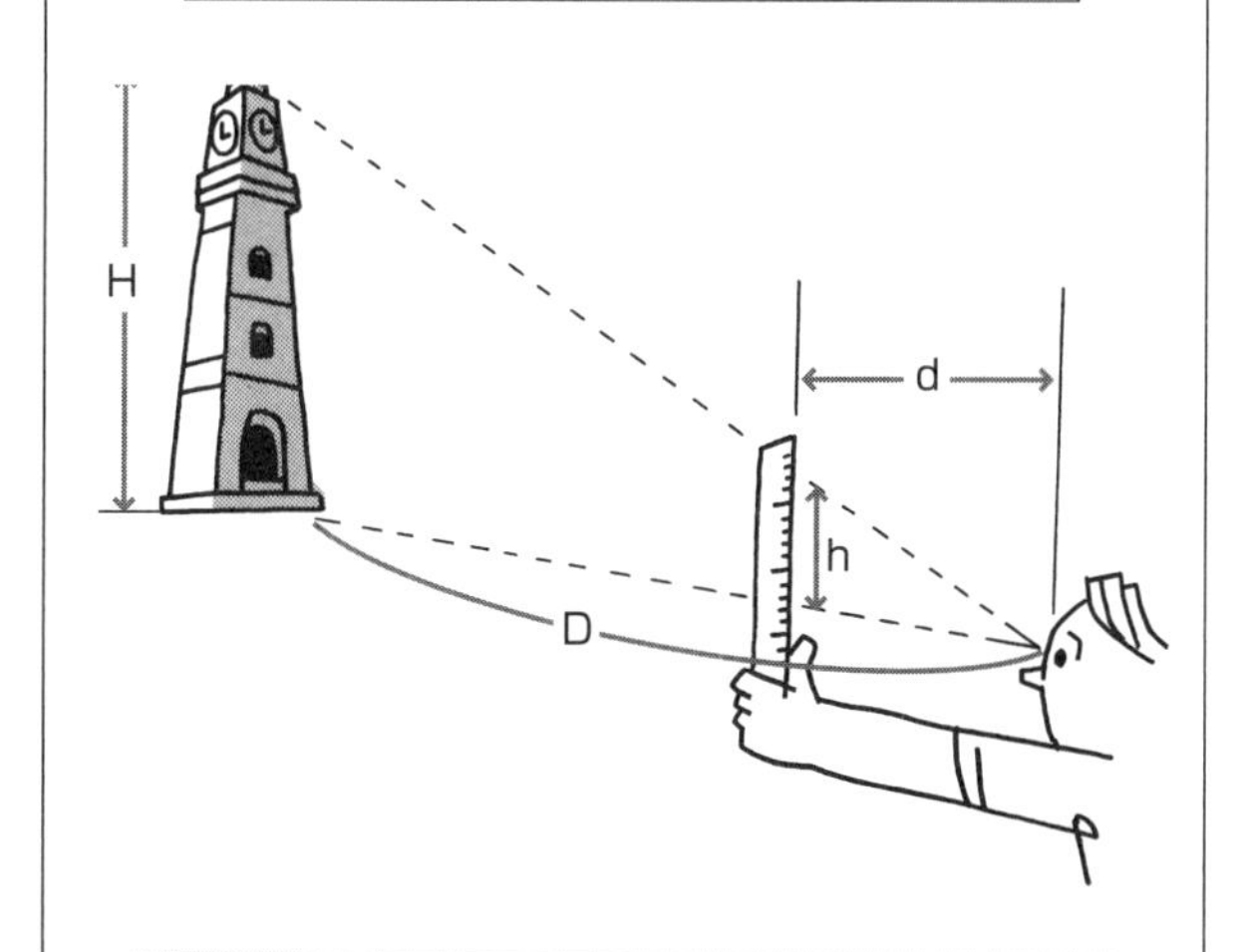

【式】
$$H = \frac{Dh}{d}$$

H：ものの高さ（m）
h：目に見えないものの高さ（m）
D：ものまでの距離（m）
d：目から定規までの長さ（m）

例　時計台までの距離30m、定規までの長さが50cm、目に見えた時計台の高さ20cmとすると、

$$H = \frac{30 \times 0.2}{0.5} = 12\,(m)$$

影だけで、高さを計算できる!?

広場の中央にある大きな彫刻。10mくらいあるように見えますが、周囲に比較するものはありませんし、形状が独特なので、ますます高さがつかみにくくなっています。

こういうときは、その物体の影の長さから高さを判断することができる方法があるのです。応用するのは、やはり相似の考え方です。

【図1】のように、高さがすでにわかっている身近な物体の影の長さをはかり、【式】に当てはめるだけでいいのです。前項と同じ式です。

なお、「身近な物体」とは、1mの棒でもいいし、鉛筆でも

【式】 $H = \frac{Dh}{d}$

H：物体の高さ(m)

h：身近な物体の高さ(m)

D：物体の影の長さ(m)

d：身近な物体の影の長さ(m)

かまいません。何もないのなら、自分の身長と影を利用すればいいでしょう。

また、はかりたいものの影の長さも、自分の歩数から計算できるはずです（↓131ページ）。つまり、影さえくっきりあれば、何の道具も必要とせず、高さをはかることができるというわけです。

相似も影も利用せず、木の高さをはかる方法もあります。

やり方はごく簡単。図のように前かがみになって両手をつき、またの下から木のてっぺんを見るだけです。

ちょうどまたの下と木の先がつくように見えた位置で、木の根元までの距離をはかれば、その数字が木の高さとなります。

なぜでしょうか。【図2】のように、おおよそ二等辺三角形ができるからです。童心に帰ってやってみましょう。

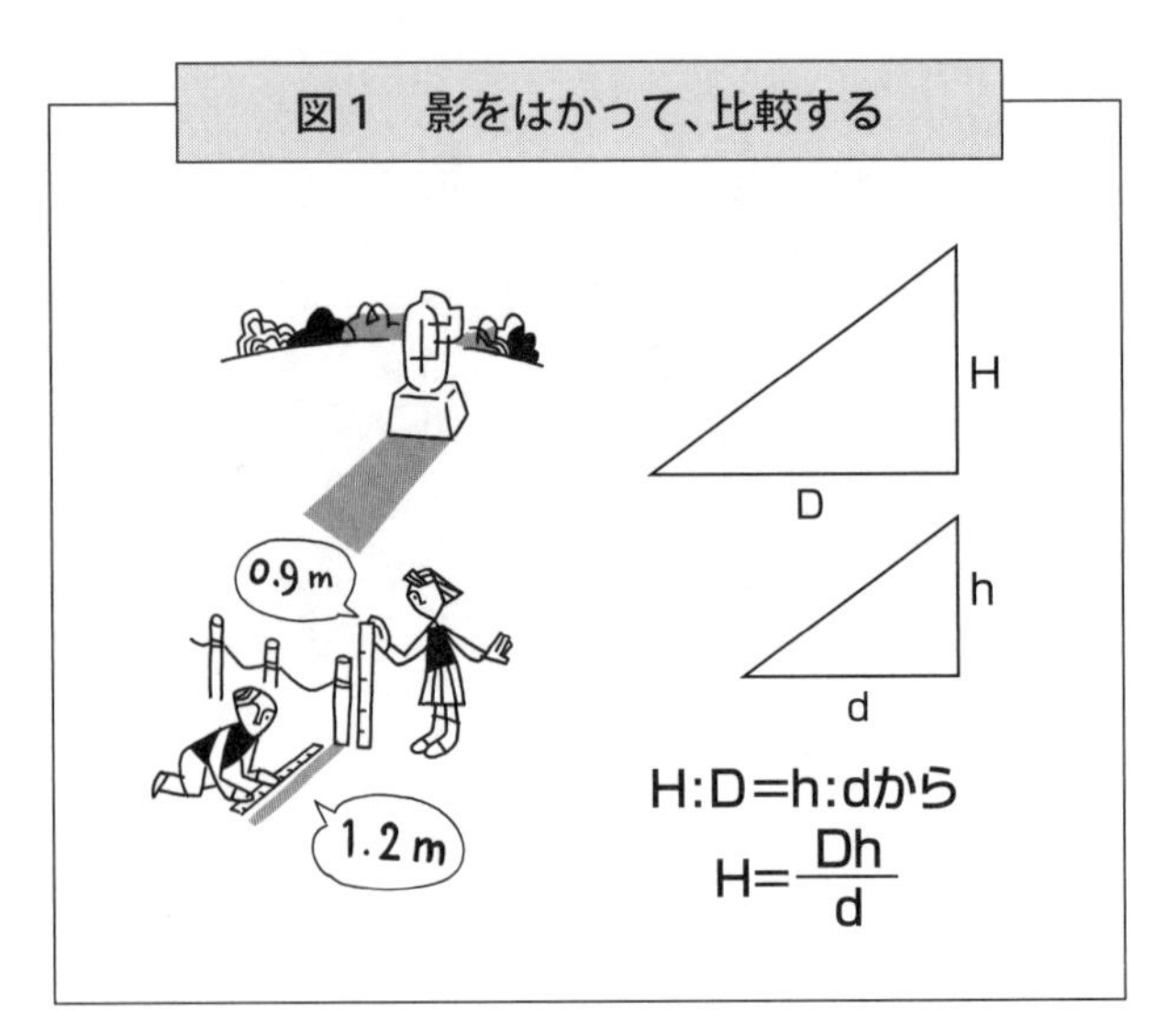

図1　影をはかって、比較する

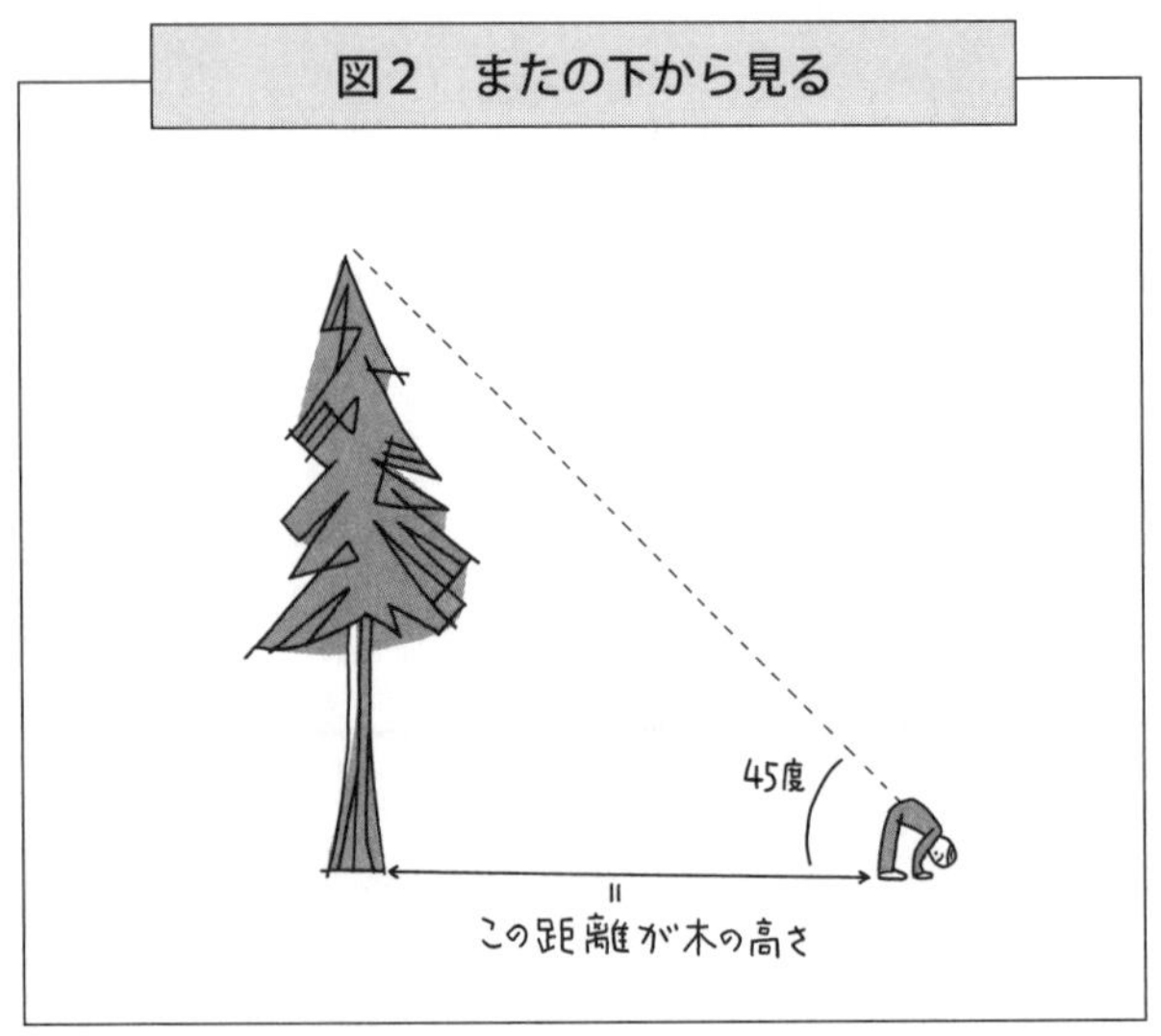

図2　またの下から見る

小石を落としただけで、橋の高さがわかる方法

人間は、長さや距離にはある程度の直感が働きます。ですが、高さは案外わからないものです。

しかも、眼下に人や自動車が見えていれば、親指を使った方法（↓128ページ）で距離をはかれますが、下が川だったり海だったりした場合は、この方法は使えません。高い橋や崖の上に立って見下ろしている状態では、恐怖心もあって、ますますわからなくなります。

簡単な方法としては、空気抵抗を受けにくい小石などを落として、水面に届くまでの秒数をストップウォッチではかればいいのです。そして、【式】に当てはめましょう（【図】）。ただし、この【式】が応用できる高さは、だいたい20ｍ以上。なぜなら、これより低いと、秒数がほとんどはかれないからです。また、わかるのはだいたいの高さです。

図　水面に落ちた音で高さを判定！

【式】　高さ(m)＝5×秒数²

正確には、

$$\frac{1}{2}gt^2$$

g＝重力加速度

t＝時間

時計なしで時間がわかる、簡単な方法

ものを数えるのは簡単なことではありません。

特に数えにくいのは、目に見えない「時間」です。時計がない場合、どのようにして1分や2分をはかればいいでしょう。

口で秒数を数えるという方法は誰でも思いつくでしょうが、人によってはあまりにも不正確になってしまいます。数え間違いが出てきます。でも、「あるもの」を利用して時間をはかる方法があります。

それは、太陽を利用するのです。といっても、日時計をつくるわけではありません。もっと簡単で正確な方法があるのです。

やり方は、まず建物、あるいは樹木の幹に太陽が接するように見える位置に立ちます(【図】)。

そして太陽が動くのを観察しましょう。建物や樹木の幹に隠れるまでの時間が2分なので、時計なしで2分をはかることができます。

1分をはかりたかったら、最初から太陽が建物や樹木の幹に、ちょうど半分隠れるような位置に立てばいいのです。

3分をはかる場合には1分+2分ですし、4分は2分を2回はかればいいでしょう。同様にして何度か繰り返せば、何分でもはかることができます。

では、曇りの日や夜はどうすればいいでしょうか。先ほどの、太陽ではかることはできません。

そんなときには、ヒモとオモリを使いましょう。

5円玉や50円玉をオモリとして、10㎝の長さの振り子をつくります。これを揺らして、約95往復をカウントすると1分という時間になります。10秒なら16往復です。これで、ヒモとオモリで時間をはかることができるのです。

ヒモを40㎝にすれば振る回数が少なくなり、約48往復で1分、8往復で10秒という時間がはかれます。

図　太陽で時間をはかる方法

なぜ?

あらゆる天体は24時間で360度回って見える

360÷24=15

したがって、1時間で15度動く
つまり、4分で1度動く

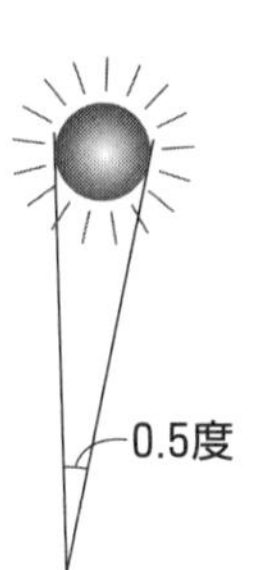

だから、2分でビルに隠れる

速い、遅い、ふつう？　川の流れの速さを簡単計測

川の流れの速さをはかるのに必要なものは、秒針のある時計（あるいはストップウォッチ）と、ウキあるいはウキの代わりとなるような木片だけです。

最初に、川の流れと平行な一定の距離B点を歩幅で決めます。川の流れがゆるやかな場合は10m前後でいいのですが、流れがやや速い場合は30mの距離をとっておきましょう。

それができたら、【図】のようにA点からウキを投げ込み、ウキがB点までに達する秒数をはかり、出た秒数を【図】の【式1】に当てはめます。

例えば、10mの距離をウキが25秒で通過したとすれば、川の流れは秒速0・4mになるわけです。

川幅が狭くて浅い場所がもっとも流れが速く、川幅が広くて深い場所がもっとも流れが遅いのですが、計算した川の流れが速いか遅いか、おおよその見当は次のようになります。

川の流れが秒速0・3m以下だと遅く、0・3〜0・6mでふつう、0・6m以上だと速

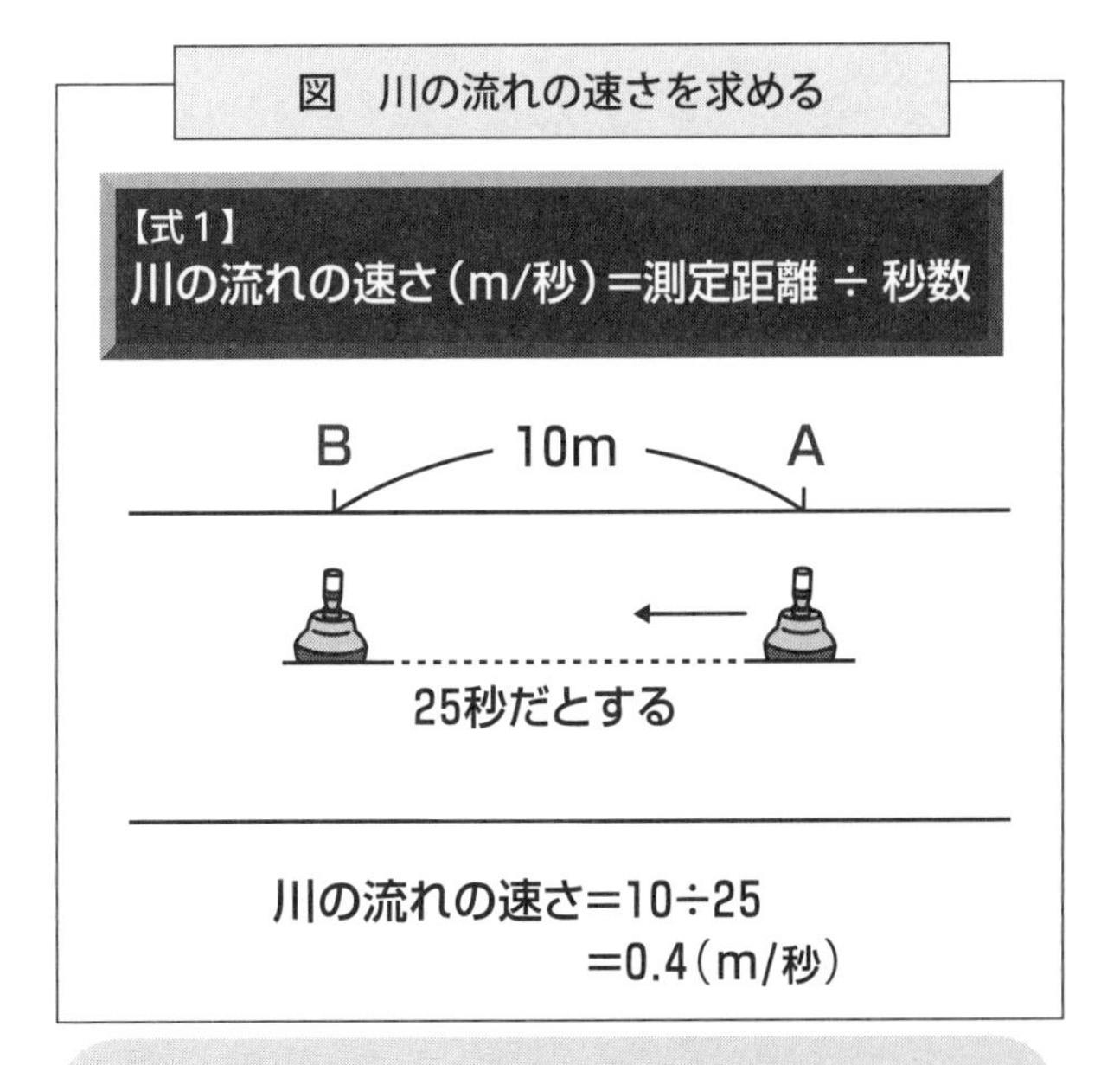

図　川の流れの速さを求める

【式2】　18÷42＝0.43（秒）

いのです。

話は、横道にそれますが、「プロ野球の投手の球速は150㎞」といったいい方をします。では、ボールを投げてから打者を通過するまでに何秒くらいかかるのでしょう。時速150㎞ということは、秒速で約42mです。ホームベースまでの距離は約18mですから、【式2】となります。

1秒足らずの短い時間にバットを振るかどうか、プロ野球選手の打者は判断しているのです。

電車に乗っていて、カウントするだけで速度がわかる？

目の前を通り過ぎる車の速度を推定するのは、目測と確認の練習をかなりしないと難しいのですが、最大積載量５ｔ以上（車両総重量８ｔ以上）の大型トラックの速度は見ただけですぐにわかるようになっています。

なぜなら、どれだけの速度で走っているかを表示しているからです（【図１】）。その表示とは、車の前面にとりつけられた黄緑色のランプのことです。

時速40㎞以下のときはランプが１つ点灯、時速40～60㎞で２つ点灯、時速60㎞を超えると３つ点灯するようになっています。これを「速度表示灯」といいます。

ただし、この速度表示灯は１９９９年に廃止されました。輸入トラックに表示灯がついていないし、知らない人が多かったからです。そのため、今では日本の古い映画を見るときに使えるトリビアになってしまいました。

電車はどうでしょうか。

新幹線に乗っているときは、走行速度が車内に表示されます。しかし、新幹線以外の列車に乗っている場合は自分ではかるしかありません。

流れる景色を見て速度を割り出すなんて、まず不可能でしょう。しかし、秒針のある腕時計さえしていれば、速度をはかることは簡単です。

線路わきには１００ｍごとに、【図２】のような白い杭が立っています。最初の杭を通過した瞬間から秒数をはかります。

そして、杭の数をカウントして11本目を通過したら、それまでの秒数を数えます。杭から腕時計に目を移したロスタイム約1秒を引いておきましょう。その秒数が例えば36秒でしたら、時速１００㎞とわかります。

満員電車に揺られて鬱々としていたら、ぜひ試してみてください。

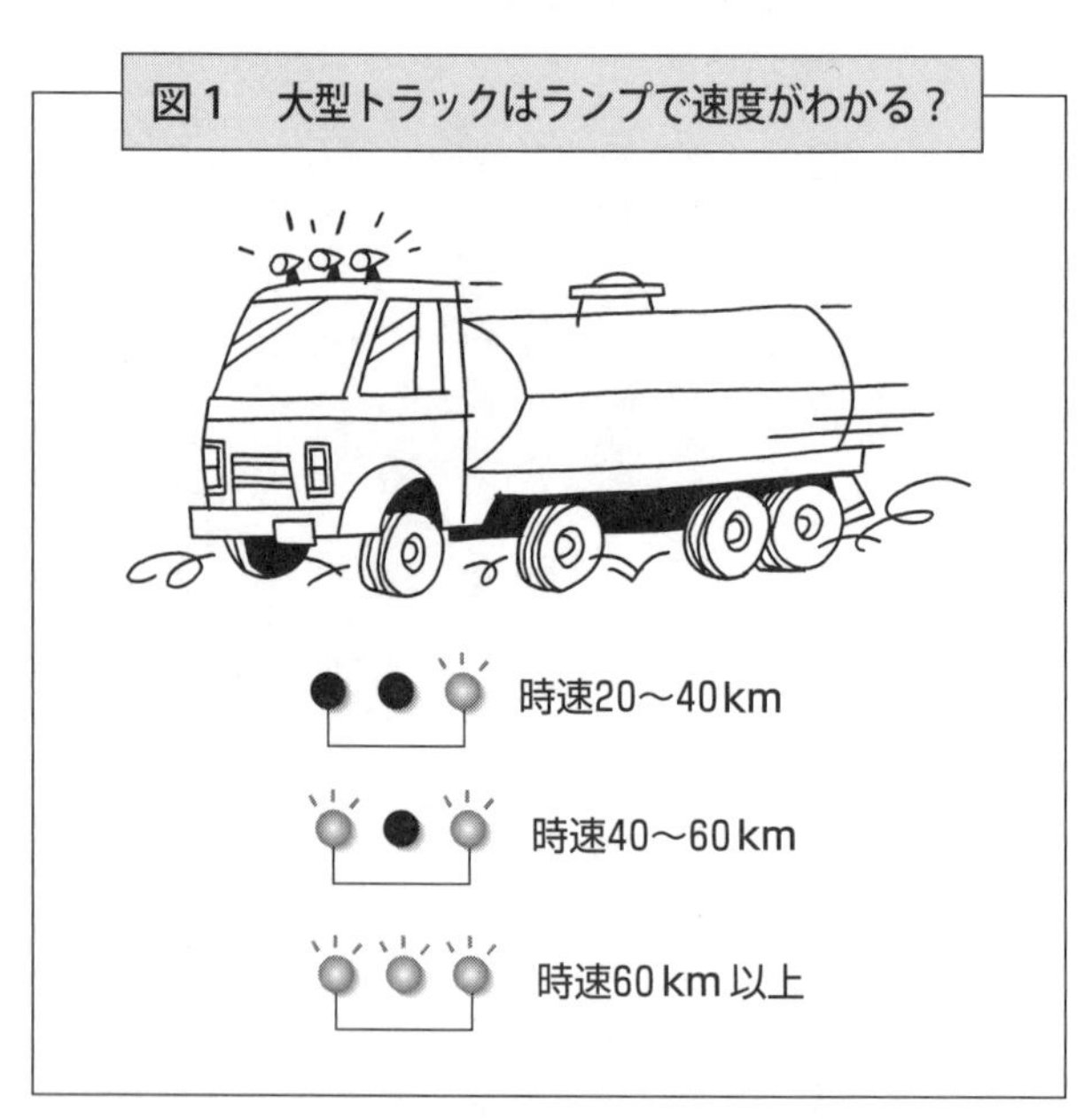
図１　大型トラックはランプで速度がわかる？
時速20～40km
時速40～60km
時速60km 以上

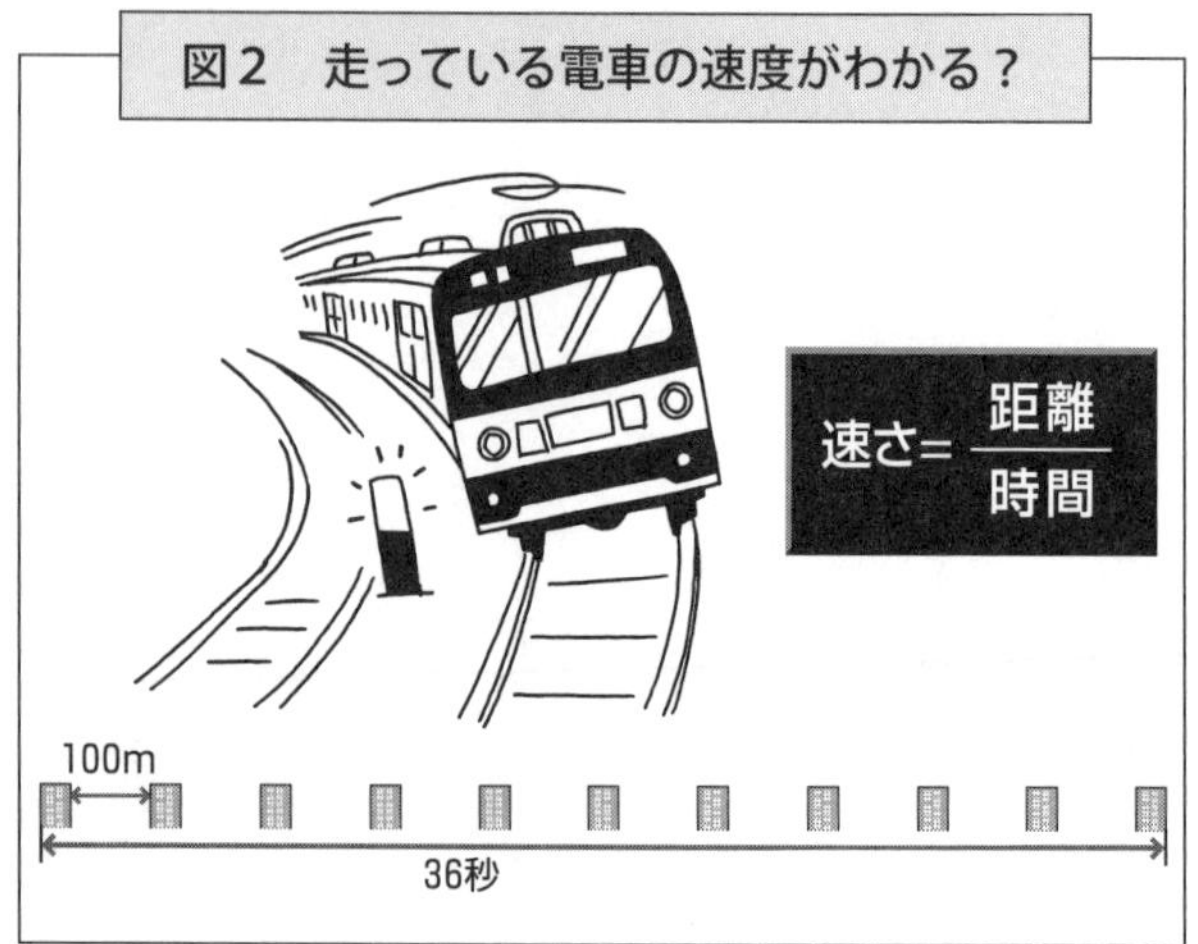
図２　走っている電車の速度がわかる？
速さ＝距離/時間
100m
36秒

1ℓの紙パックで0・8ℓ、0・3ℓ、0・1ℓはかれる？

キャンプに行って、仲間とわいわいテントを張り、木の枝を集め、石で簡易版のかまどをつくり、さぁ、食事づくりにとりかかりましょう！　材料はたっぷり仕込んできましたし、料理の本も持ってきました。

ところが、つくり始めて困ってしまいました。料理の本に書いてある通りにつくろうと思うのですが、計量カップがありません！

こういうときは、市販の牛乳の1ℓパックで万能計量カップをつくる方法を知っていれば、あわてなくてすみます。

つくり方はごくごく簡単。

【図】のように、上ぶたと側面の一部を切り取ってしまうだけでOK。

こうすると、Aの状態で0・8ℓ、Bの状態で0・6ℓ、Cのようにして0・3ℓ、D

で０・１ℓをはかることができます。

そのほかの量は、それぞれの量を組み合わせればいいでしょう。この万能計量カップを使えば、目分量ではかるよりずっと正確な量がはかれるでしょう。

ここで述べた分量は、計算の上ではやや少なめになりますが、液体を入れるとパックがわずかにふくらむので、その誤差は修正されます。

ちなみに、市販の牛乳１ℓパックには秘密があります。パックの寸法から体積を計算しましょう（【式】）。

㎤＝mℓですので、約９６０mℓとなり、１ℓに足りません。

これは、パックは紙なので、ふくらむという性質を利用して小さめの寸法でつくられているからです。ですから、本当に１ℓ入っているわけです。

【式】 $7 \times 7 \times 19.6 = 960.4$（$cm^3$）

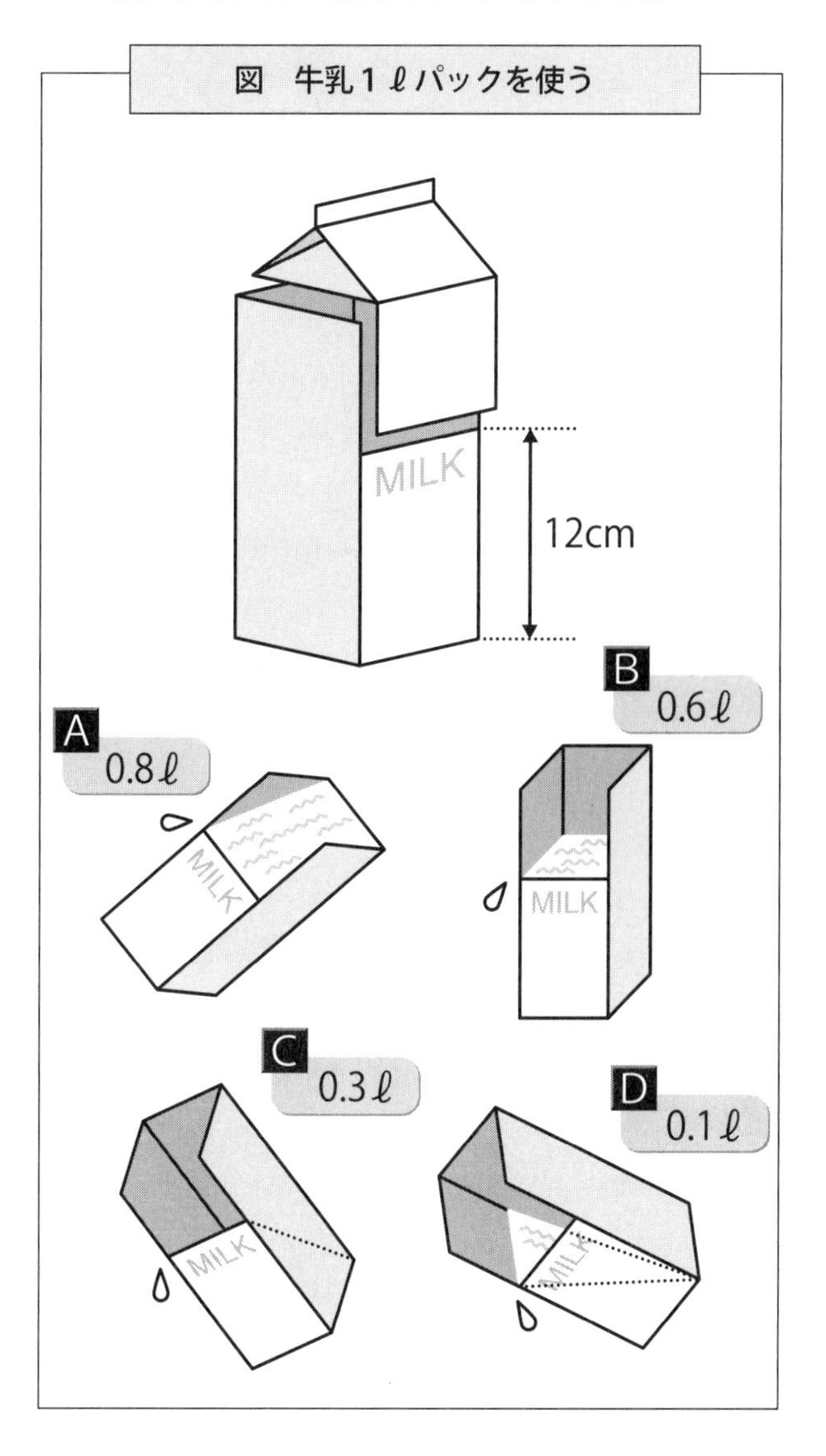
図　牛乳１ℓパックを使う
MILK
12cm
A
0.8ℓ
MILK
B
0.6ℓ
MILK
C
0.3ℓ
MILK
D
0.1ℓ
MILK

カクテルグラスの形に隠された量の比率とは

酒好きの人は当然ながら酒の量にこだわるものです。同じ代金なら、できるだけ多く飲みたいと思います。ということで、グラスの形で量がわかる方法を教えましょう。

グラス、特にカクテルグラスの基本形は円柱、半球、円すいの３種類になります。円柱形のグラスには「ダイキリ」、半球のグラスには「マルガリータ」、円すいのグラスには「マティーニ」とだいたい決まっています。

それはさておき、この３種類の中で、いちばん容量の大きいのはもちろん円柱形のグラスです。では、あと2種類のグラスの容量はどうなのでしょうか。

同じ直径なら、円すいと半球の容量はどっちが大きいかというと、意外に思われるかもしれませんが、答えは同じなのです。同じ直径、同じ高さの円柱、球、円すいの容積の比はきっちり３：２：１となっているのです。半球は球の半分ですから、円すいと同じとい

図　円柱、球、円すいの体積

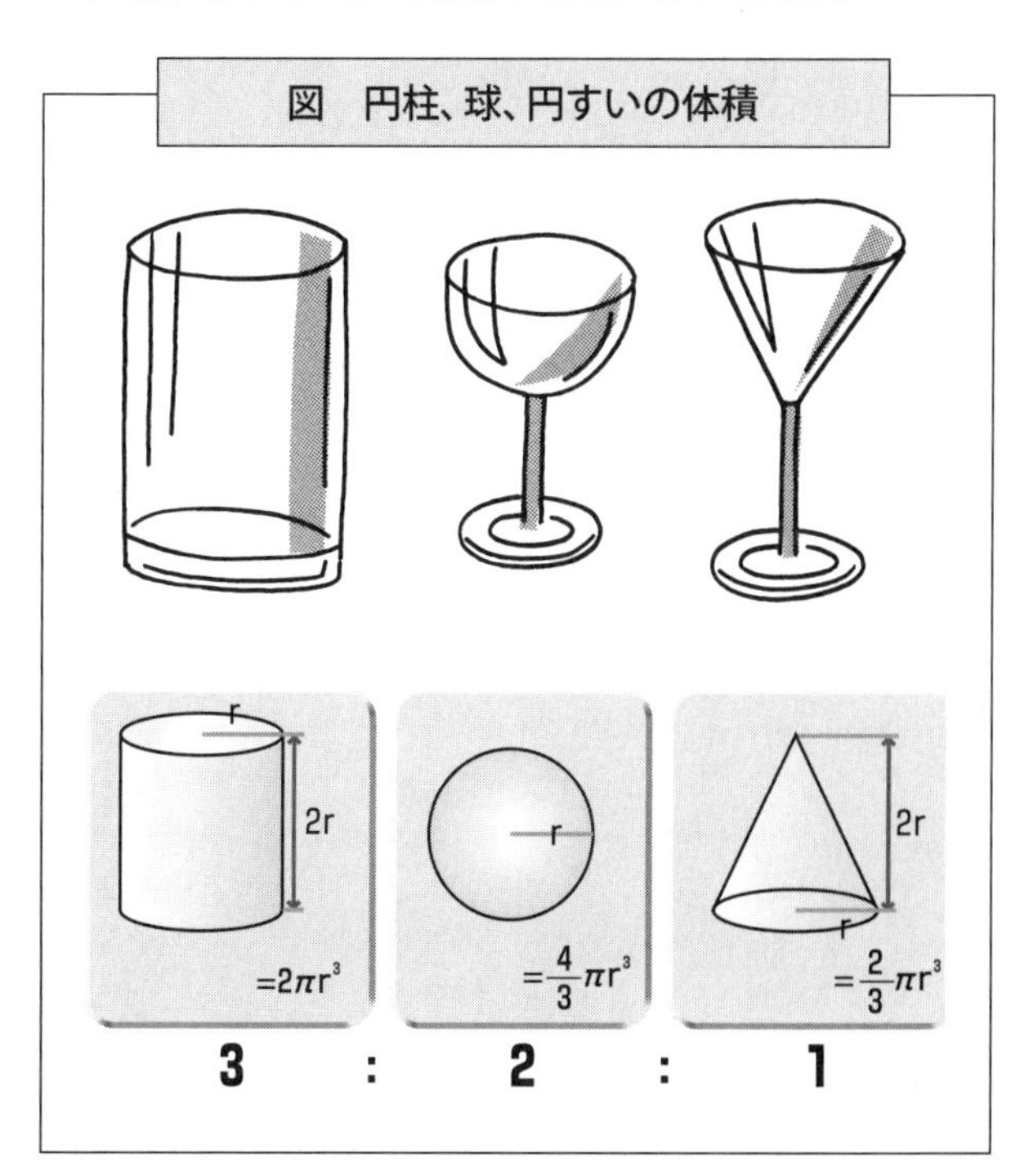

うわけです（【図】）。

ここで、ひとつ簡単な問題を出してみます。

円柱形のグラスに水がなみなみ入っているとします。**この水を、はかりを使わずにちょうど半分にするにはどうすればいいでしょうか。**

グラスをゆっくりと傾けて水をこぼしていき、水面の一部がグラスの底にちょうど着いたとき、そこでこぼすのをやめます。その量が、最初のちょうど半分です。

なぜ、腕時計だけで方角がわかる？

磁石なしで方角を知る方法を紹介します。ただし、晴れの日という条件がつきます。

簡単なのは、針で時刻を示すアナログ式の腕時計を用いる方法です。腕時計を水平にして持ち、短針を太陽に合わせます。こうして、12時と短針の間を2等分した方向が南となります（【図1】）。

時計がデジタルの場合は、どうすればよいでしょうか。

その場合は、影を利用します。風などの影響で揺れ動くことがないものを選びます（【図2】）。そのものの影の先端部分を地面に印をつけておきます。それから、20分か30分待ちます。すると、影の先端はどちらかの方向に動いていますから、そこに2つめの印をつけます。最初の印と2つめの印を直線で結びます。

すると、この2つめの印の方向が「東」となるのです。

ということは、この直線と直角となる直線の方向が南北を示しているというわけです。

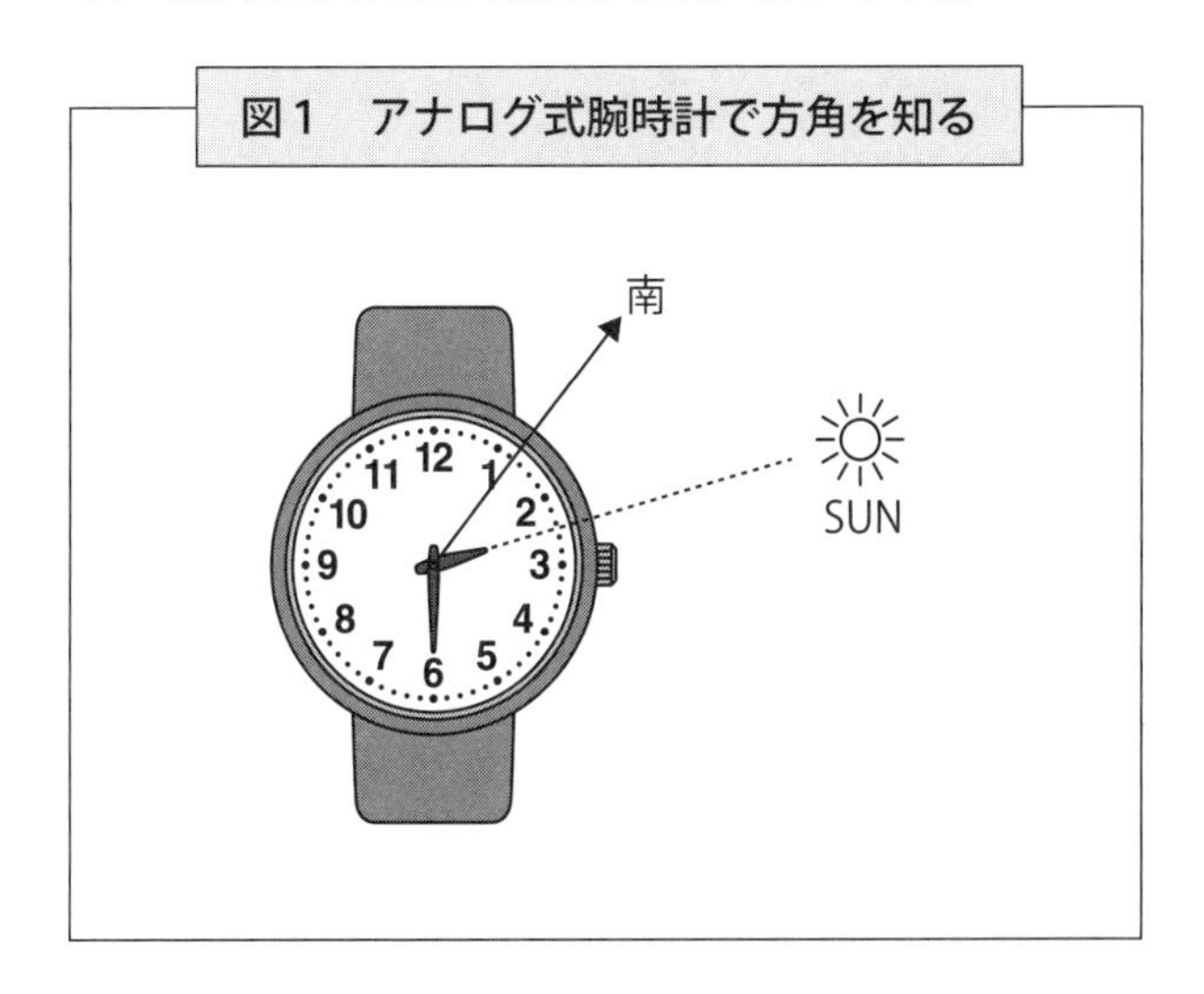
図1　アナログ式腕時計で方角を知る
南
SUN
12
1
2
3
4
5
6
7
8
9
10
11

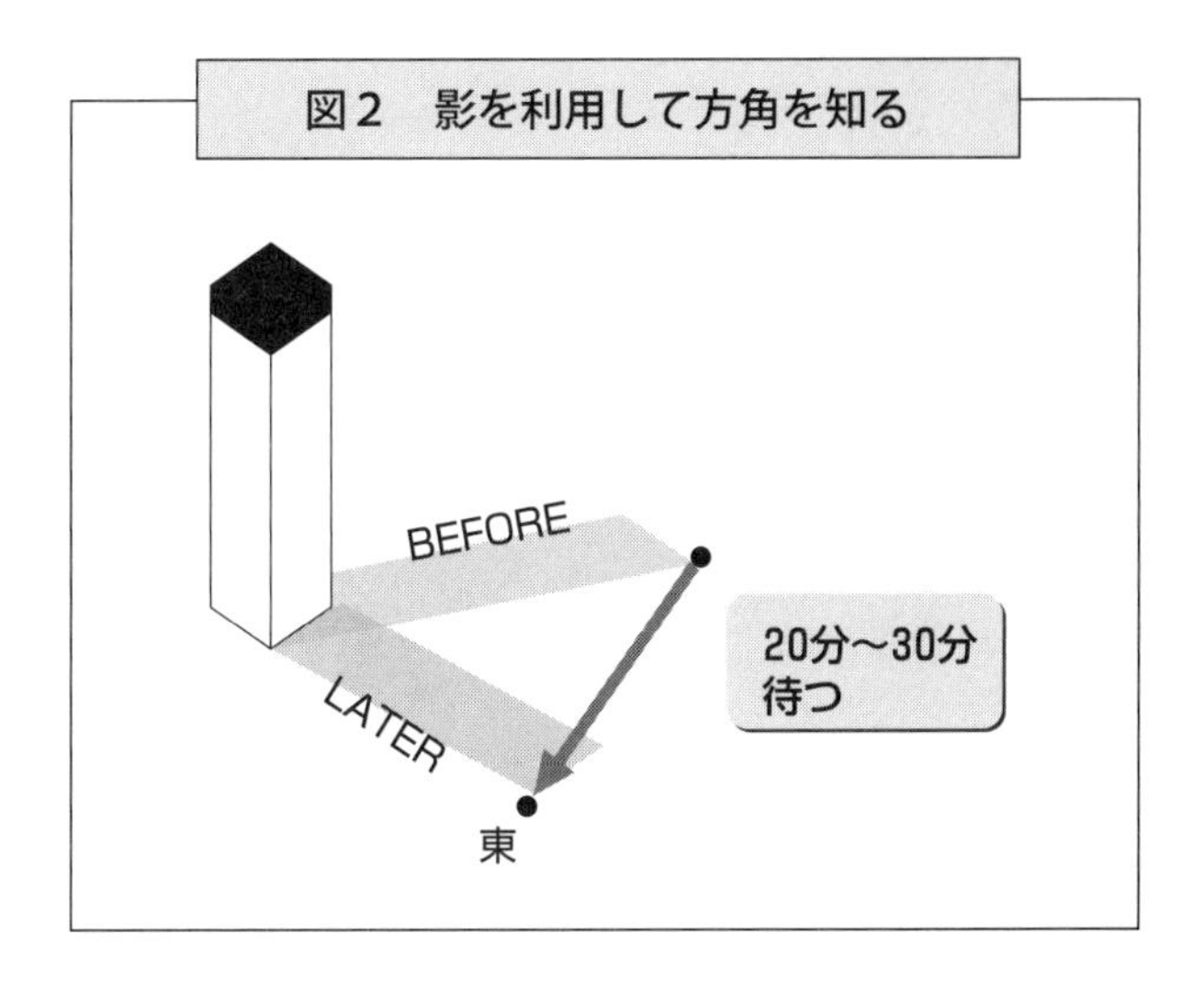
図2　影を利用して方角を知る
BEFORE
LATER
20分〜30分
待つ
東

5章　数学を図で考えると「世の中の謎が解ける」

定規で引けない「12÷7（半端な数字）」を引く方法

長さをはかるのに、定規はたいへん便利な道具ですが、欠点もあります。それは、1㎜以下の目盛りが書かれていないということです。

例えば、12㎝の長さを7等分しなければならないときなど、定規ではかることができません。電卓で12を7で割ると、1・7142857……という半端な数字が出てきます。

これを約1・7㎝として等分した場合、最後の目盛りは1㎜多くなって厳密な等分とはならないわけです。

しかし、定規も電卓も使わずにきれいに等分する方法があります。

それには、罫線紙、あるいはノートを使います。【図1】のように、等分したいものを罫線の上にあてがって、目盛りを刻むだけでいいのです。そうすると、等分されているはずです。

では、道具として罫線紙やノートなどが使えない場合はどうすればいいのでしょうか。そんなとき、きっちり3等分する方法について考えてみましょう。

1つめは、平行線を利用する方法。

【図2①】のように、等分したいものの端から、すでに3等分した補助線を引きます。そして、補助線のもう一端と等分したいもののもう一端を結びます。この線分と平行になる線を引けば、3等分されます。

もう1つの方法は、対称点を利用する方法。

【図2②】のように、3等分にしたいものに平行となるように、すでに3等分してある補助線を引きます。そして、補助線の右端と3等分したいものの左端をつなぎ、左端は右端とつなぎます。

こうしてできた対称点を通るように、あと2本の線分を引けば、きれいに3等分されるというわけです。

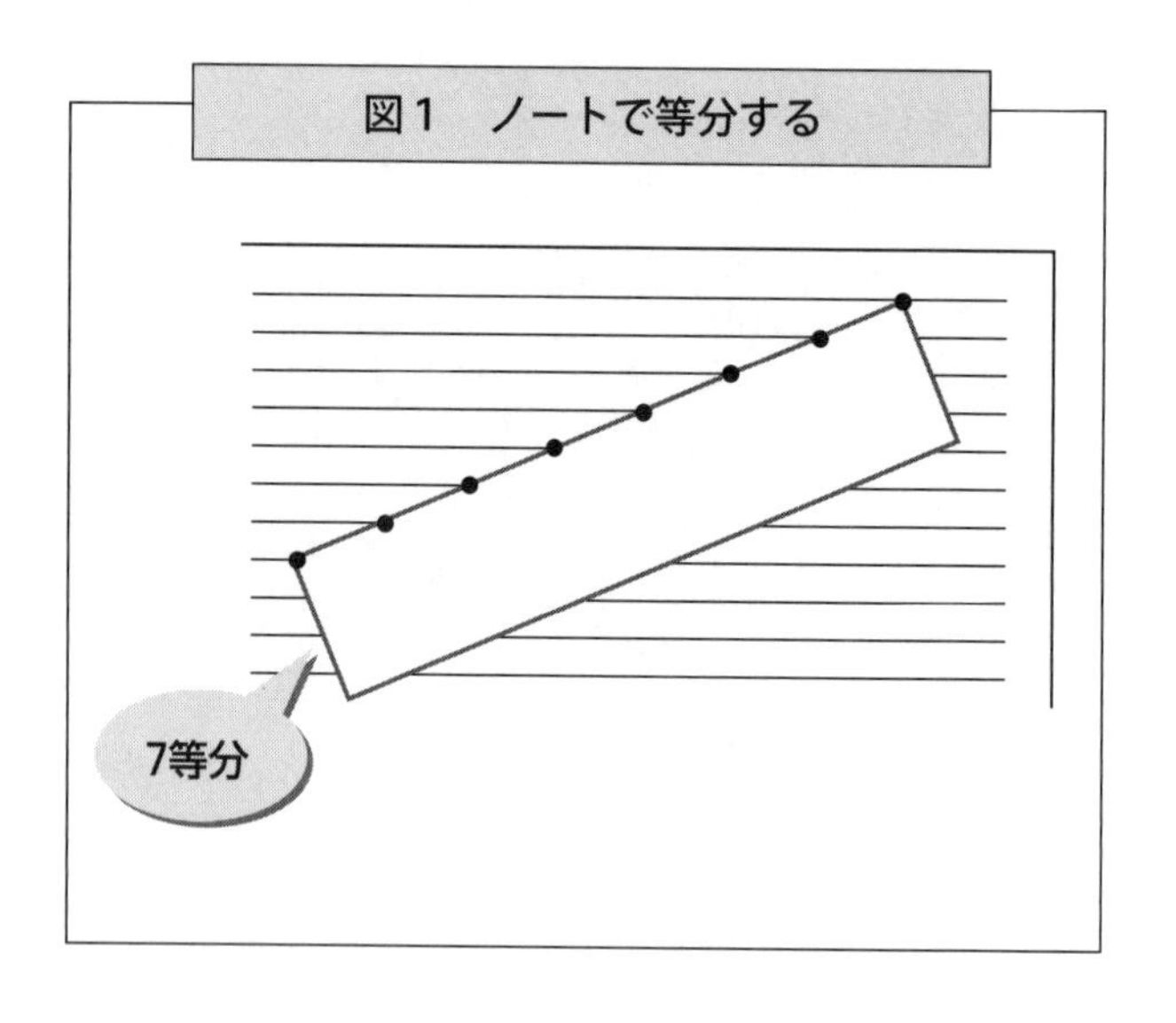
図1　ノートで等分する
7等分

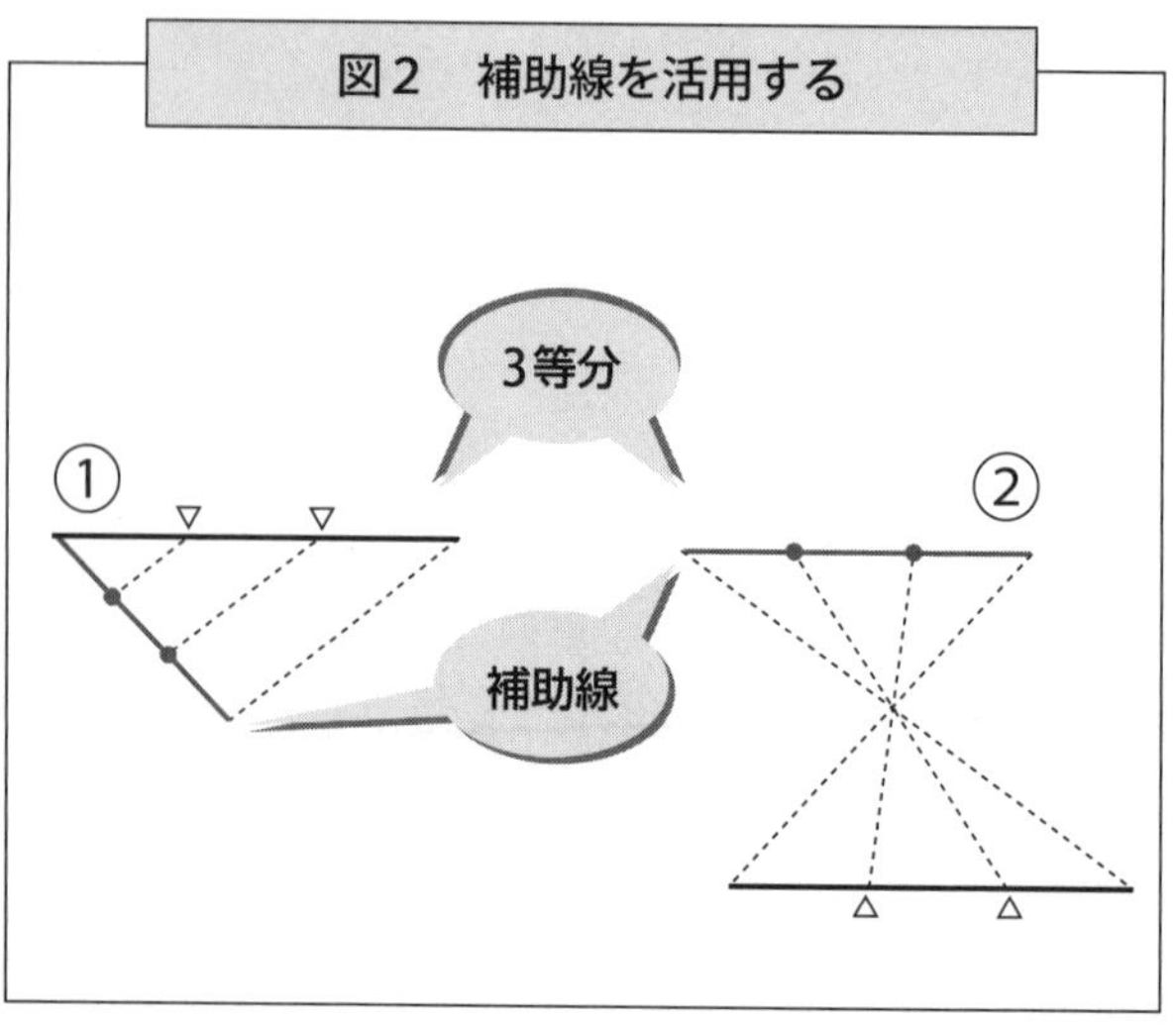
図2　補助線を活用する
3等分
①
②
補助線

「ディズニーランドの大行列」何人並んでいるかすぐに計算できる？

東京の渋谷や祭事などの人混みで、「どのくらい人がいるんだろう」と疑問に思ったことはないでしょうか。そんなたくさんの人間を簡単に数える方法があります。

手順は次の通りです（【図】）。

①たくさんの人を見渡せる場所からスマホやデジカメを使って撮る。
②その写真をいくつかに均等分割する。
③1つの枠にいくつ頭があるのかを数える。
④その数に枠数を掛ける。

安易な方法のように思われるかもしれませんが、計算カウンターで1人ずつを数える方法で出される結果との誤差は意外と少ないのです。一度この方法で数える体験をしておくと、今度は見ただけでだいたい何人かがわかるようになります。

ディズニーランドなどの行列もサクッと数えることができます。まずは幅が何列になっているかを数えます。それから、後ろへと続いている10人目、あるいは20人目まで数えます。４列に並んでいて20人目まで数えれば、80人です。

これを1ブロックとして、最後まで何ブロックあるかを数えて、簡単な掛け算をすれば、人数がわかることになります。

車が並んでいる場合は、まずその背景になるものを探しましょう。例えば電柱とか街路樹の1間隔の間に何台あるか数え、あとは、その数に電柱あるいは街路樹の数を掛ければいいのです。

これらの方法は、散らばっているボールやおびただしい数の本など、多量にあるものを速く数えることにも応用できますから、試してみてください。

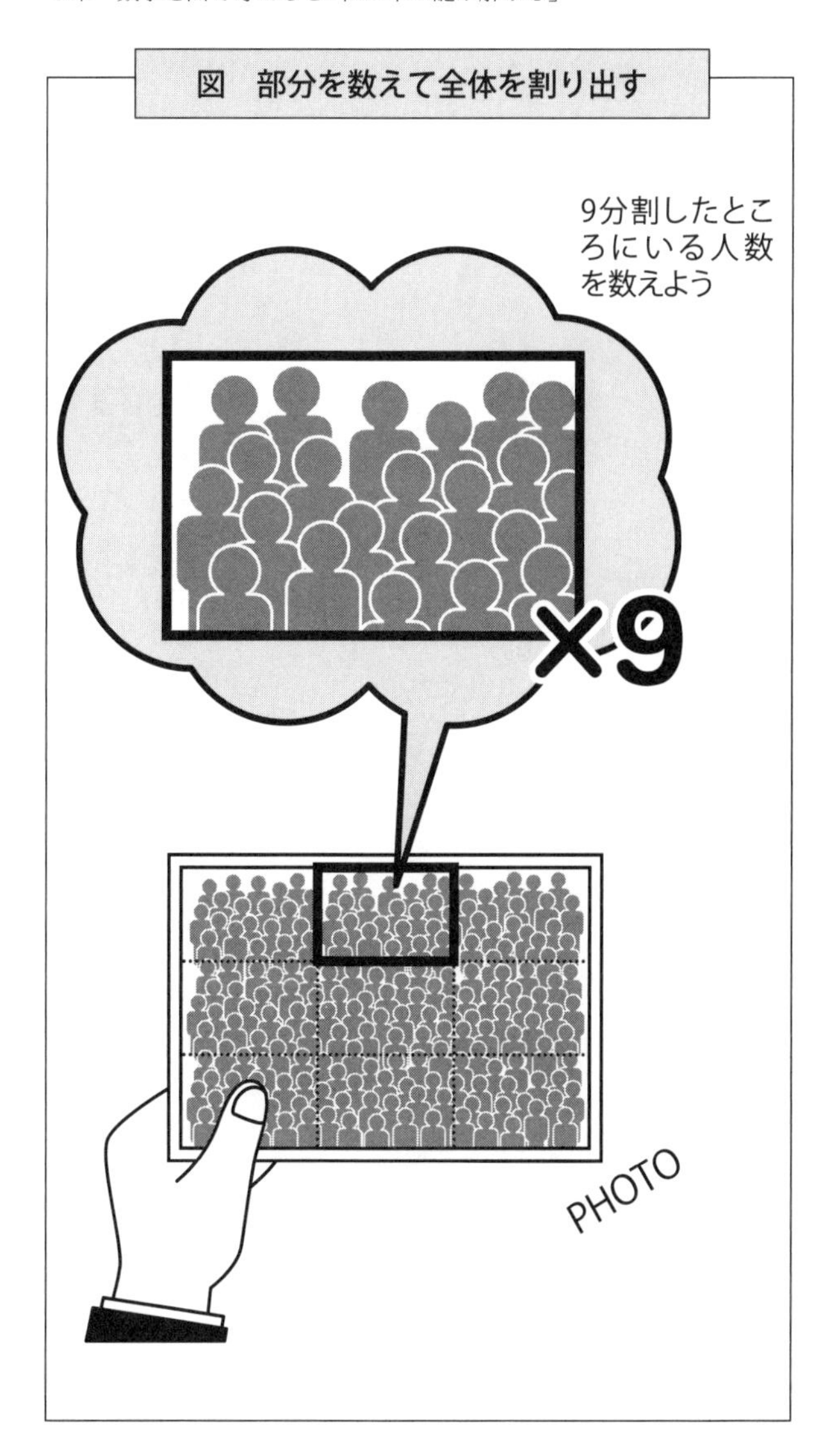
図　部分を数えて全体を割り出す
9分割したところにいる人数を数えよう
×9
PHOTO

畳の敷き方がわかれば、写真の一部でも部屋の広さが見えてくる?

写真、あるいはTVに日本間が一部、映っていたら、全体は広そうにも見えますし、意外と狭そうにも見えます。

しかし、全体が映っていないので本当の広さはわかりません。

こういうときでも、ある程度の部分が見えていれば、全体の広さを知ることができます。

もっとも、畳敷きの場合だけですが。

というのは、畳の敷き方には【図】のような規則性があるからです。だから、日本間を撮影した写真に見える畳の一部の特徴がわかれば、その部屋が何畳敷きか類推できるというわけです。ところで、日本全国で畳の広さが同じだというわけではありません。西日本エリアで使われている畳がもっとも広い場合で6畳で約11㎡あり、関東ではその6畳が約9・3㎡になり、さらにアパートや団地では約8・7㎡になっています。

ですから、広い和室を望む場合は畳の数ではなく㎡で計算するほうがよいでしょう。

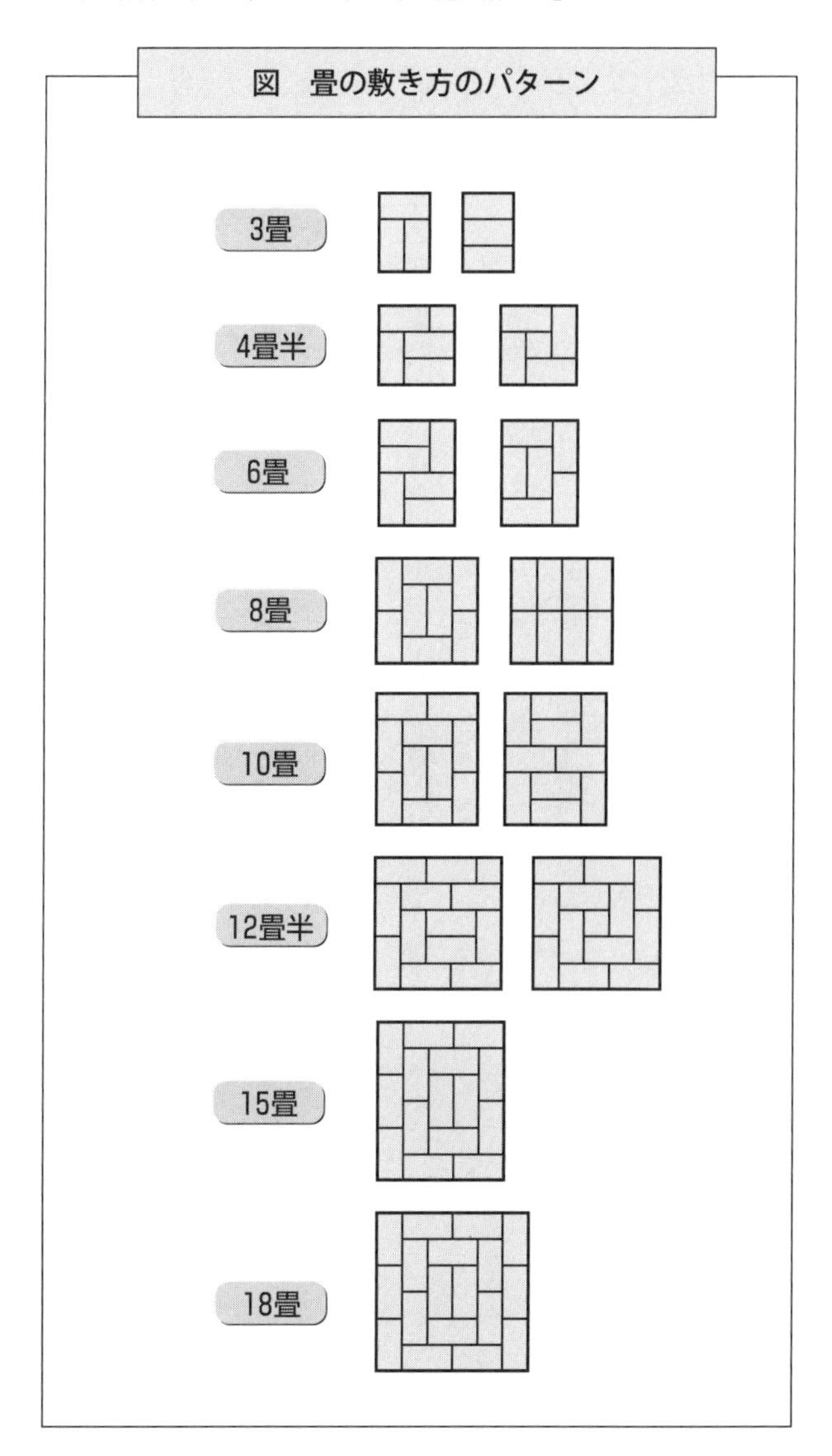
図　畳の敷き方のパターン
3畳
4畳半
6畳
8畳
10畳
12畳半
15畳
18畳

「何でズバリわかる？」何回やってもウケる数字当てクイズ

これはインドから古くある「九去法（きゅうきょほう）」と呼ばれる計算の応用ですが、コンパなど人が大勢いるところで出題するとけっこう盛り上がります。

数字を見てないのにズバリ言い当てる方法を紹介します。

「私に見せないように、４桁の数を書いてください」

「はい。書きました」（例：４８２７）

「では、その４つの数字を置き換えて、別の４桁の数字をつくってください」

「はい。つくりました」（８２７４）

「次に、大きいほうから小さいほうを引いてください」

「引きました」（【式】より：３４４７）

「その数字のうち、０でない１つを丸で囲み、残った数字を読んでください」

【式】　8274－4827＝3447

「4、4、7」

「囲んだ数字は3ですね」

タネ明かしは【図1】をみてください。

次に、年齢を言い当ててしまう方法を紹介します。
女性に年齢を聞くのは失礼なこととされていますし、仮に聞けたとしても、相手が正しく答えるとは限りません。こんなとき、クイズめかして聞けば、相手も笑って答えてくれるでしょうから、ズバリ年齢がわかるというわけです。
「あなたの年齢を3で割ったあまりの数はいくつですか」
「2です」（例：相手の年は26歳）
「では、5で割ったあまりの数は？」
「1です」（26÷5＝5あまり1）
「では、7で割ったあまりの数は？」
「5です」（26÷7＝3あまり5）
「26歳ですね」

これは、【図2】をみてください。

図1　9の倍数を使ったクイズ

タネ明かし

①相手のいった3つの数字を足す
4+4+7=15
②それより大きい9の倍数から引く
18−15=3……（答え）

根　拠

相手の書く数字を
1000a+100b+10c+d
とする。a、b、c、dをどう入れ換えても
最初の数字との差は9の倍数となる
ここで、9の倍数の性質は、

9の倍数はその数字の和が必ず9の倍数となる

ことから、1つの数字を隠した場合、残りの数字の和を、
それより大きい9の倍数から引いたものが答えとなる

図2　年齢当てクイズ

タネ明かし

①相手のいった数字の順に下の式に入れる
70×（2）+21×（1）+15×（5）=236
②その値から、105を何回か引いて105以下にする
236−105=131
131−105=26……（答え）

凱旋門、ミロのビーナス、新書判……、数学的に美しい「神の比率」とは？

芸術やデザインは、究極的に美を目指す人間の行為だといっていいかもしれません。わたしたちが洋服を選ぶのも、自分をできるだけ美しく見せたいという意図があります。では、どうすれば数学的に姿を美しく見せるように装うことができるのでしょうか。

店員の勧めにしたがって、店にとって利益の大きい流行のブランド品を買ったところで、きれいに見えるとは限りません。それよりも、調和と配分を考えたほうがいいでしょう。

すでに、紀元前4世紀に、これがもっとも美しく見えるという比率が創案されています。これを「黄金比」といいます。

数式はあとで触れるとして、ごく簡単にいってしまえば、長さの比を1：1・6にしなさい、ということです。これを別名「神の比率」ともいいます。

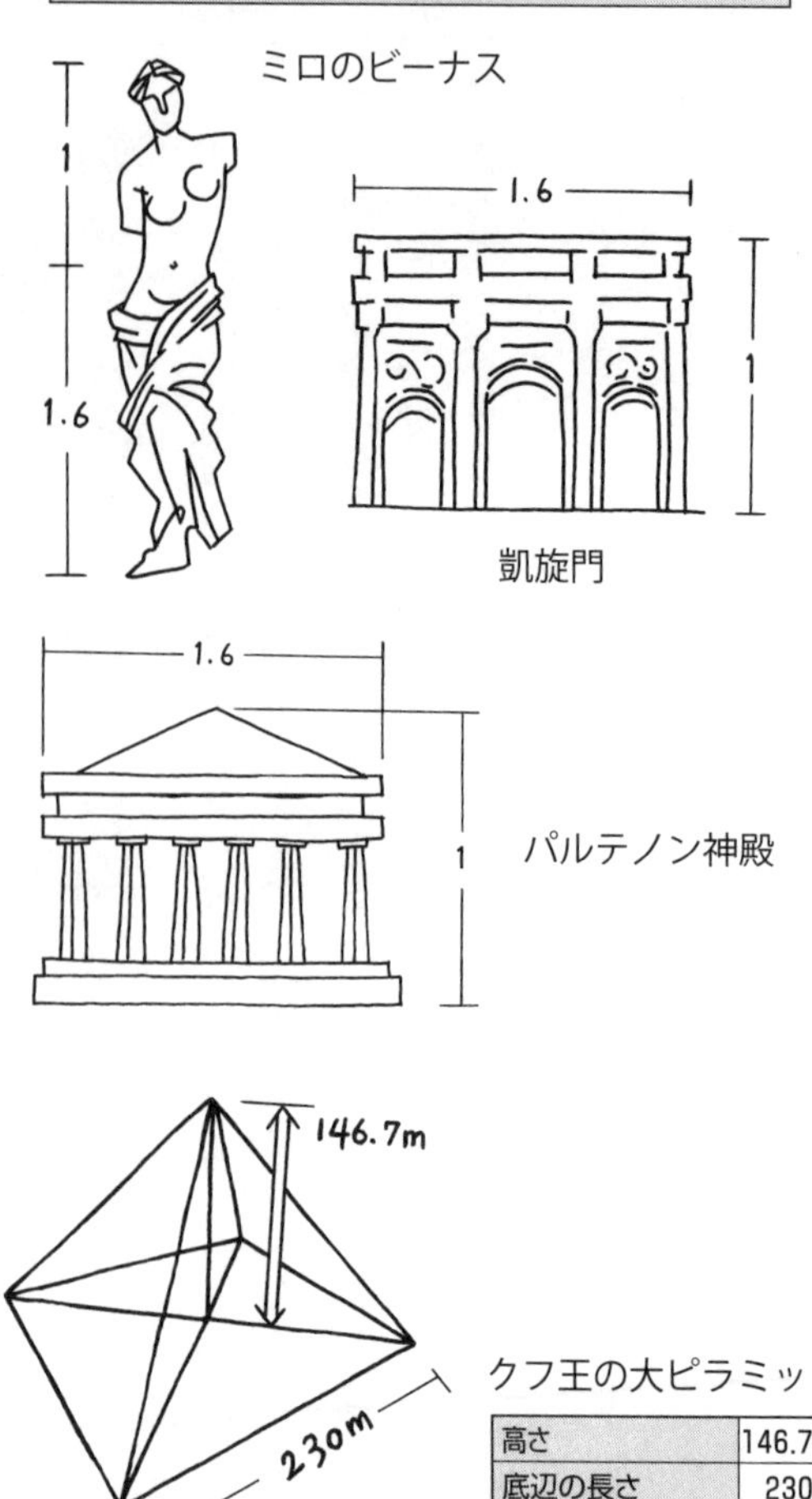
図1　さまざまな黄金比①
ミロのビーナス
1
1.6
1.6
1
凱旋門
1.6
1
パルテノン神殿
146.7m
230m
クフ王の大ピラミッド
高さ 146.7m
底辺の長さ 230m
高さと長さの比は、約1:1.6

黄金比であるものの具体的な例をあげると、「ミロのビーナス」「ギリシアのパルテノン神殿」「古代ローマの凱旋門」そして、「クフ王の大ピラミッド」も、この黄金比になっています（【図1】）。

さて、ファッションにおいて、これを具体的にどう応用するかを考えてみましょう。頭から足までを5つに分けて、上から2つ目の場所にポイントを置けばいいということです。

つまり、ベルトの位置をそこにすればいいのです。

これを感覚的に知って応用していたのが「女性の和服」。帯留めの位置がきちんと黄金比になっています。

ところでこの黄金比は、現代でも多方面に応用されています。「はがき」や本書のような「新書判」などのタテとヨコの比率が黄金比です（【図2】）。

さて、風呂上りに自分の全身を鏡に映して、頭からへ

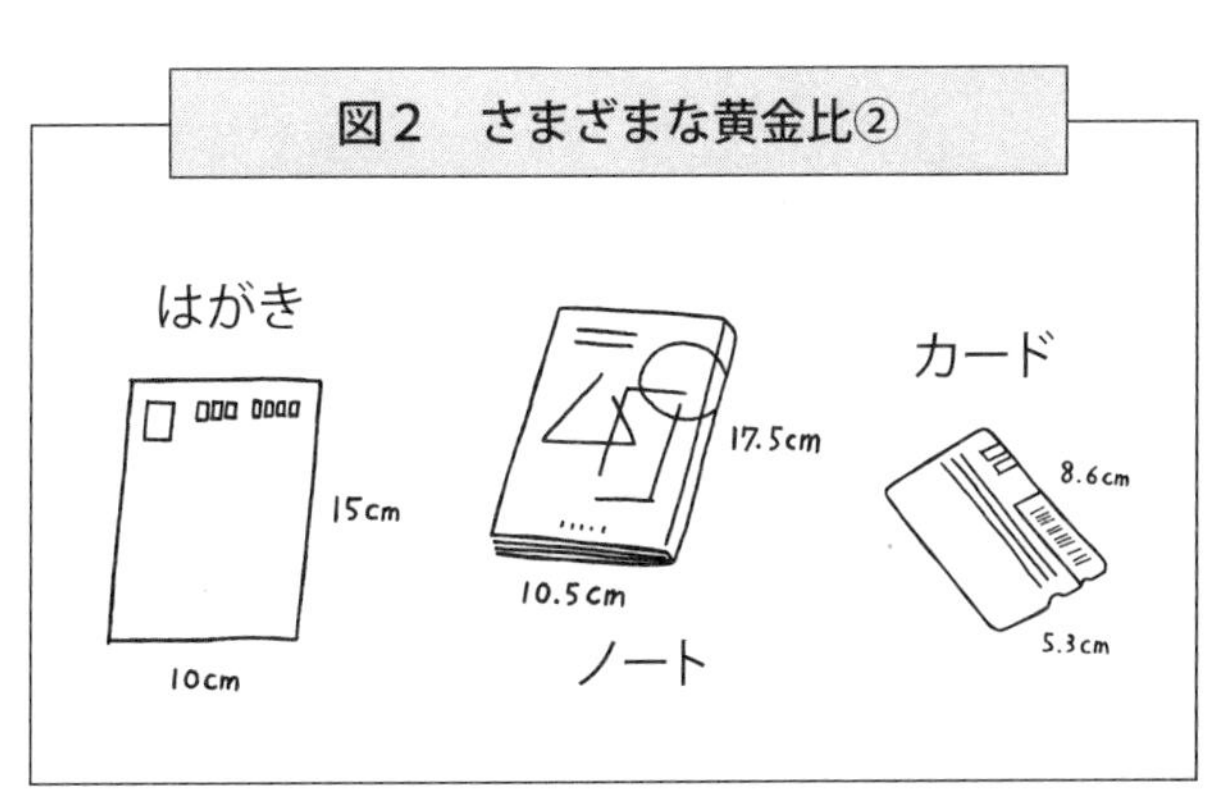

図2　さまざまな黄金比②

図3　黄金比の秘密

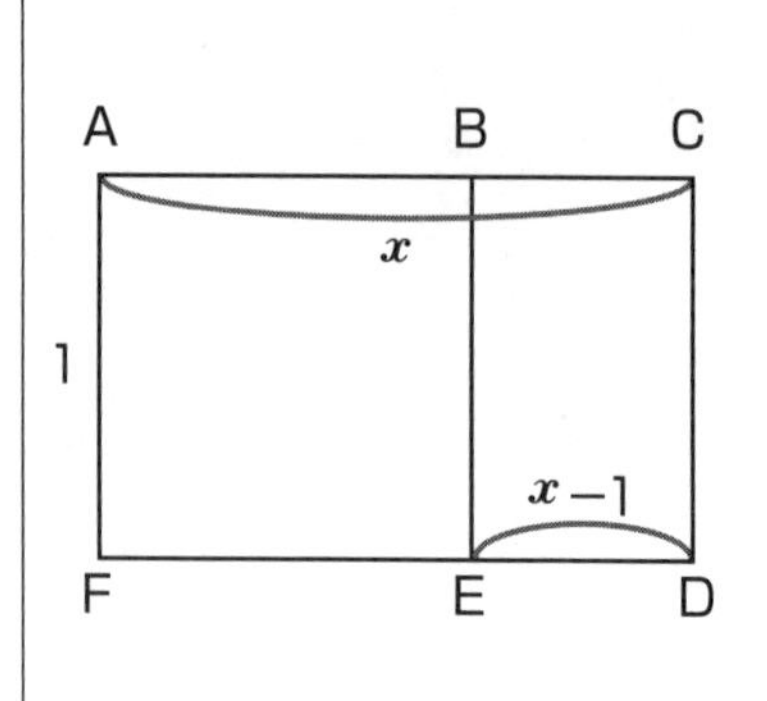

$$1:x=x-1:1$$
$$x(x-1)=1$$
$$x^2-x-1=0$$
$$x=\frac{1\pm\sqrt{5}}{2}$$
$x>0$ より
$$x=\frac{1+\sqrt{5}}{2}$$
$$=1.6180\cdots\cdots$$

ソとヘソから足の比率をとってみて、それが黄金比になっているのなら、あなたはミロのビーナス並みのプロポーションを誇っていいことになりますが……。

ところで黄金比はどうやってつくるのでしょうか。ちょっとだけ数学的に説明しておきましょう。【図3】のような【長方形ACDF】があるとします。ここから【正方形ABEF】を切り取って、残った【長方形BCDE】が元の長方形（ACDF）と相似の場合、この長方形のタテとヨコの比が黄金比です。

ほかにも黄金比は身の周りにたくさんあるものです。探してみましょう。

なぜ、すべて数えてないのに湖の魚の数がわかる？

汚れた水の中では魚は棲めなくなります。ですから、環境を考える人たちは、どんな魚がどのくらい棲息しているかを調べているわけです。しかし、水の中を泳いでいる魚の数をいったいどのように計測しているのでしょうか。

ＴＶのドキュメント番組などを見ていると、一定の数だけいったん捕獲して印をつけて、再び水の中に返したりしています。あれが、魚の数を計測する方法の1つなのです。「捕獲再捕獲法」（標識再捕獲法ともいう）といいます。その方法を単純化して紹介しましょう。

まず、魚を何匹かだけを捕獲して印をつけて水に戻します。すると、湖の中には印のついた魚とついていない魚の2種類が混じっていることになります。別の日に、魚を捕獲してその中の印のついた魚の数を数えればＯＫ。あとは、確率の計算を用いて割り出された【図】の【式】を使えばいいわけです。

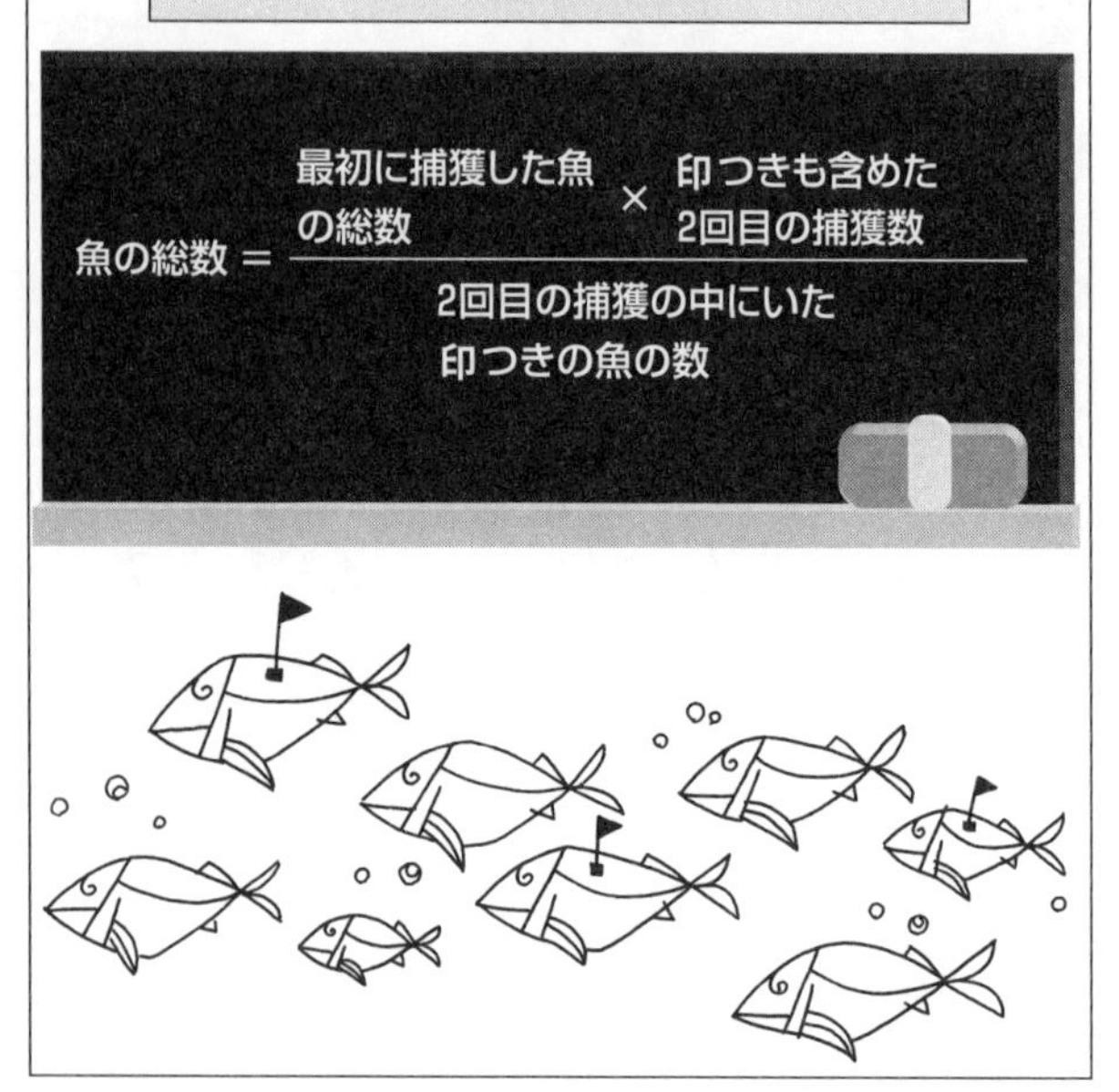

なぜこれでいいのでしょうか。水の中では印のあるなしの2種類の魚がよく混ざり合っていると仮定します。すると、2回目に捕獲した魚の総数に混じっている印のついた魚の数の割合は、水の中にいる印のついた魚の割合と同じだからです。

例えば、水に砂糖を入れてよくかき混ぜ、砂糖水をつくったとします。この砂糖水の濃度をはかるのに、何も全部の砂糖水を使う必要はありません。少しだけ採取して濃度をはかれば、全体の濃度がわかります。これと同じ理屈です。

やってみたくなる「森の中の鳥を数える計算法」

前項で紹介した方法では、いったん動物を捕獲して印をつけなければなりませんから、調査資格のある人だけができるということになります。では、シロウトなどが森に住む鳥などの総数を、捕獲なしで数えるにはどうしたらいいのでしょうか。

それには、「ライントランセクト法」と呼ばれる方法があります。例えば、頭に赤い帽子をかぶっているようで比較的目につきやすいクマゲラが、近所の森にどのくらい住んでいるか調べることができます。用意するものは次の４つ。「できるだけ縮尺の小さい地図」「定規」「電卓」「新聞紙」これだけ。これでどうやって調べられるのでしょうか。

まず、森に入る前に、どれだけの範囲を調査するかを決めておきます。しかし、測量技師のような道具や巻尺を持たずに、数十ｍという長さをはかるのかというと、ここで役立つのが定規と新聞紙です。

友人に新聞紙を広げて向こう側に立ってもらい、自分はこちら側から腕を伸ばして定規

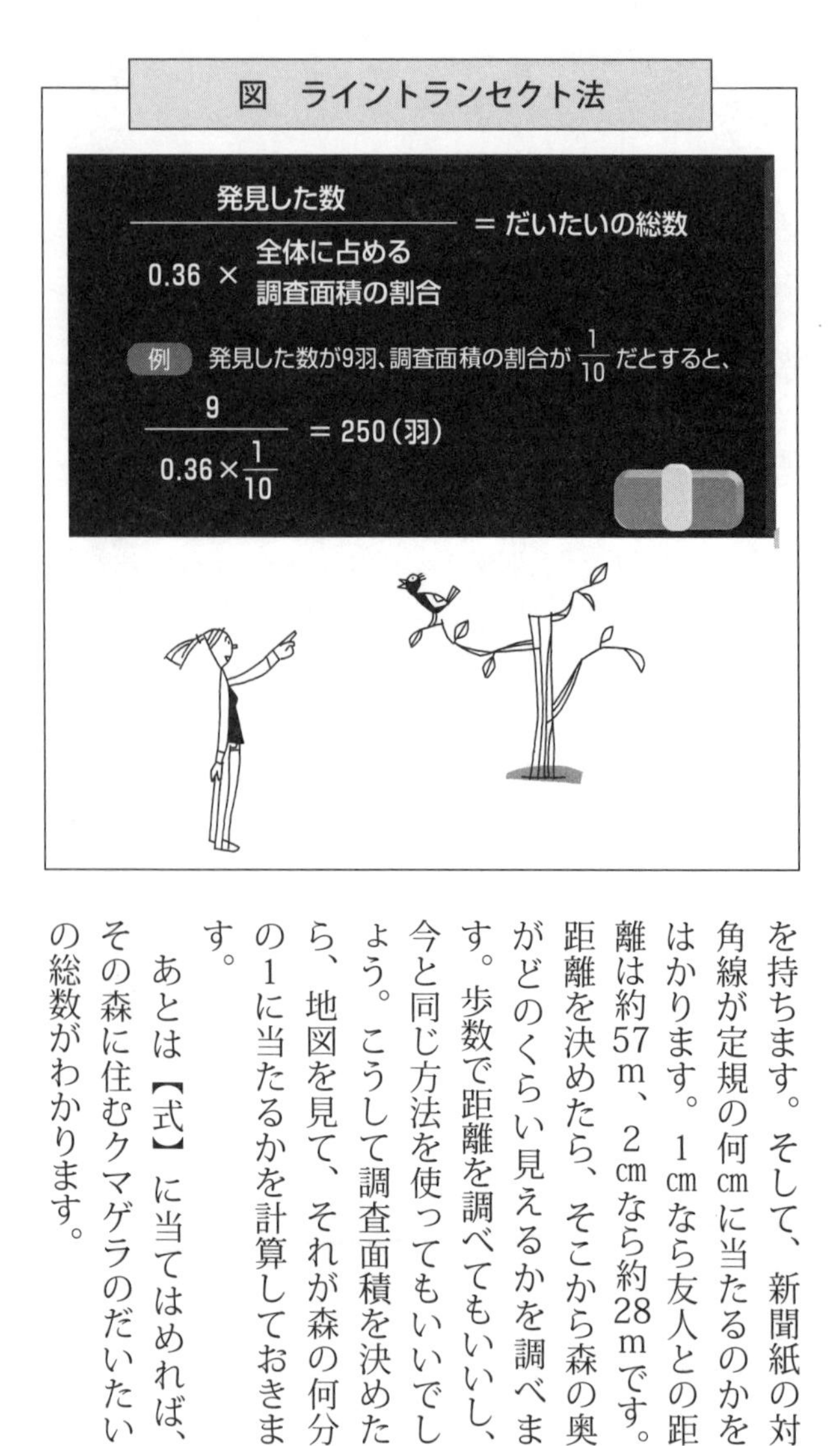

図　ライントランセクト法

を持ちます。そして、新聞紙の対角線が定規の何cmに当たるのかをはかります。1cmなら友人との距離は約57m、2cmなら約28mです。距離を決めたら、そこから森の奥がどのくらい見えるかを調べます。歩数で距離を調べてもいいし、今と同じ方法を使ってもいいでしょう。こうして調査面積を決めたら、地図を見て、それが森の何分の1に当たるかを計算しておきます。

あとは【式】に当てはめれば、その森に住むクマゲラのだいたいの総数がわかります。

《参考文献》

『暮らしに役立つ算数の本』ＫＫベストセラーズ（１９９４）
『暮らしに役立つ算数の本　パート２』ＫＫベストセラーズ（１９９６）
『数学トリック＝だまされないぞ！』講談社（１９９２）
『算数パズル「出しっこ問題」傑作選』講談社（２００１）
『知って得する生活数学』講談社（１９９４）
『確率でみる人生』講談社（１９９３）
『生活じょうずは数学じょうず』学研プラス（２００１）
『数学パズル辞典』東京堂出版（２０００）
『日常の数学辞典』東京堂出版（１９９９）

本書は、２００５年・小社刊『頭がよくなる図解　「数学」はこんなところで役に立つ』を改題、再編集したものです。

青春新書
PLAYBOOKS

人生を自由自在に活動する

人生の活動源として

いま要求される新しい気運は、最も現実的な生々しい時代に吐息する大衆の活力と活動源である。

文明はすべてを合理化し、自主的精神はますます衰退に瀕し、自由は奪われようとしている今日、プレイブックスに課せられた役割と必要は広く新鮮な願いとなろう。

いわゆる知識人にもとめる書物は数多く窺うまでもない。

本刊行は、在来の観念類型を打破し、謂わば現代生活の機能に即する潤滑油として、逞しい生命を吹込もうとするものである。

われわれの現状は、埃りと騒音に紛れ、雑踏に苛まれ、あくせく追われる仕事に、日々の不安は健全な精神生活を妨げる圧迫感となり、まさに現実はストレス症状を呈している。

プレイブックスは、それらすべてのうっ積を吹きとばし、自由闊達な活動力を培養し、勇気と自信を生みだす最も楽しいシリーズたらんことを、われわれは鋭意貫かんとするものである。

—創始者のことば—　小澤和一

著者紹介
白取春彦〈しらとり はるひこ〉
ベルリン自由大学文献学部で哲学・文学・宗教を学ぶ。1985年の帰国後、文筆業に専念。哲学・思想・宗教についての解説書は高い評価を受けている。著書に『超訳 ニーチェの言葉』（ディスカヴァー・トゥエンティワン）、『「哲学」は図で考えると面白い』（青春文庫）、『「考える力」トレーニング』（知的生きかた文庫）などがある。

数学は図で考えるとおもしろい

2021年2月20日 第1刷

著 者 白取春彦

発行者 小澤源太郎

責任編集 株式会社プライム涌光
電話 編集部 03(3203)2850

発行所 東京都新宿区若松町12番1号 〒162-0056 株式会社青春出版社
電話 営業部 03(3207)1916 振替番号 00190-7-98602

印刷・三松堂 製本・フォーネット社

ISBN978-4-413-21179-6